U0190456

电子技术实验

王 鹏 丁 蕾 主编

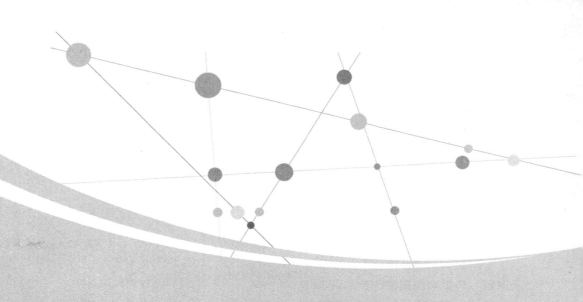

中国科学技术大学出版社

内 容 简 介

本书侧重于电子技术实验基本技能训练,既有基础实验,又有综合与设计实验,实验原理较详细,是电子技术实验比较适用的教材。

本书具有鲜明的特色,尤其在计算机仿真方面,对于基本电路实验给出 Multisim 仿真,可供学生在不具备实验条件的情况下通过仿真得出实验结果。

图书在版编目(CIP)数据

电子技术实验/王鹏,丁蕾主编. —合肥:中国科学技术大学出版社,2019. 8
(2024.1重印)

ISBN 978-7-312-04755-8

Ⅰ. 电⋯ Ⅱ. ①王⋯ ②丁⋯ Ⅲ. 电子技术—实验—高等学校—教材
Ⅳ. TN-33

中国版本图书馆 CIP 数据核字(2019)第 168678 号

出版	中国科学技术大学出版社 安徽省合肥市金寨路 96 号,230026 http://press. ustc. edu. cn https://zgkxjsdxcbs. tmall. com
印刷	合肥华苑印刷包装有限公司
发行	中国科学技术大学出版社
经销	全国新华书店
开本	710 mm×1000 mm 1/16
印张	18
字数	353 千
版次	2019 年 8 月第 1 版
印次	2024 年 1 月第 2 次印刷
定价	38.00 元

前　言

本书是为高等学校电气、电子类和其他相近专业编写的实验教材，所有参加编写的人员均长期从事电子线路理论和实验教学工作。

全书主要分 4 篇：第 1 篇实验基础知识，介绍常用电子元器件、基本焊接技术、常用测量仪器、电子测量技术；第 2 篇基础实验，介绍模拟电子电路实验、数字电子电路实验；第 3 篇综合与设计实验，介绍综合与设计实验方法及电路设计实例；第 4 篇 Multisim 仿真实验，介绍 Multisim 仿真软件和仿真实验实例。最后，在附录中列举了常用电子仪器和数字集成电路的有关知识。

本书编写的指导思想是：重基础、强技能、求创新，培养学生分析和解决实际问题的能力。综合与设计实验结合了近年全国大学生电子设计大赛的相关内容，以期能提高学生的综合与设计能力。

本书第 1 章由方葆青、叶彩霞编写，第 2 章由王鹏编写，第 3 章由郭玉编写，第 4 章由吴昭方编写，第 5 章由王鹏、唐飞编写，第 6 章由丁蕾、丁文祥编写，第 7 章和第 8 章由郭玉、方莉编写，第 9 章由黄忠、齐祥明编写。

本书在编写过程中得到安庆师范大学和安庆职业技术学院相关部门的指导及大力支持，在此表示衷心的感谢。由于编者水平所限，书中难免存在不足之处，敬请读者不吝赐教。

编　者
2019 年 6 月

目　　录

前言 ……………………………………………………………………………（Ⅰ）

第1篇　实验基础知识

第1章　常用电子元器件 ……………………………………………………（3）

1.1　电阻器 ………………………………………………………………………（3）

1.2　电容器 ………………………………………………………………………（4）

1.3　电感器 ………………………………………………………………………（4）

1.4　半导体二极管 ………………………………………………………………（5）

1.5　半导体三极管 ………………………………………………………………（6）

1.6　场效应管 ……………………………………………………………………（8）

1.7　集成运算放大器 ……………………………………………………………（8）

1.8　三端式集成稳压器 …………………………………………………………（11）

1.9　数字集成门电路 ……………………………………………………………（12）

第2章　基本焊接技术 ………………………………………………………（14）

2.1　焊接基本知识 ………………………………………………………………（14）

2.2　手工烙铁焊接技术 …………………………………………………………（16）

2.3　电子线路手工焊接工艺 ……………………………………………………（19）

第3章　常用测量仪器 ………………………………………………………（23）

3.1　万用表 ………………………………………………………………………（23）

3.2　交流毫伏表 …………………………………………………………………（25）

3.3　函数信号发生器 ……………………………………………………………（26）

3.4　示波器 ………………………………………………………………………（28）

第4章　基本电子测量技术 …………………………………………………（31）

4.1　电子电路中电压量的测量 …………………………………………………（31）

4.2　频率的测量 …………………………………………………………………（39）

4.3　时间的测量 …………………………………………………………………（44）

4.4　相位的测量 ……………………………………………………………（48）

第 2 篇　基础实验

第 5 章　模拟电子电路实验 ……………………………………………（53）

实验 5.1　单极共射放大电路 ………………………………………（53）

实验 5.2　多级放大电路 ……………………………………………（58）

实验 5.3　差分放大电路 ……………………………………………（62）

实验 5.4　集成运算放大器的基本应用 ……………………………（65）

实验 5.5　负反馈放大电路 …………………………………………（70）

实验 5.6　正弦波产生电路 …………………………………………（74）

实验 5.7　方波、三角波发生电路 …………………………………（77）

实验 5.8　电压比较电路 ……………………………………………（81）

实验 5.9　集成功率放大电路 ………………………………………（84）

实验 5.10　互补对称功率放大电路 ………………………………（86）

实验 5.11　串联稳压电路 …………………………………………（89）

实验 5.12　集成稳压电路 …………………………………………（92）

第 6 章　数字电子电路实验 ……………………………………………（98）

实验 6.1　门电路的逻辑功能及测试 ………………………………（98）

实验 6.2　SSI 组合逻辑电路 ………………………………………（102）

实验 6.3　MSI 组合逻辑电路 ………………………………………（104）

实验 6.4　触发器及应用 ……………………………………………（107）

实验 6.5　SSI 时序逻辑电路 ………………………………………（111）

实验 6.6　MSI 时序逻辑电路 ………………………………………（114）

实验 6.7　移位寄存器功能测试及应用 ……………………………（118）

实验 6.8　脉冲的产生与整形电路 …………………………………（121）

实验 6.9　字段译码器逻辑功能测试及应用 ………………………（125）

第 3 篇　综合与设计实验

第 7 章　综合与设计实验基本知识 ……………………………………（131）

7.1　概述 ……………………………………………………………（131）

7.2　电子电路设计的一般方法 ……………………………………（132）

第8章　模拟电子电路综合设计性实验 ······································· （135）

实验 8.1　水温控制系统的设计 ··· （135）

实验 8.2　简易心电图仪 ·· （137）

实验 8.3　实用低频功率放大器设计 ·· （143）

实验 8.4　步进电机驱动控制系统设计 ····································· （148）

实验 8.5　波形发生器设计 ··· （152）

实验 8.6　声光控制楼道灯开关电路设计 ································· （157）

实验 8.7　程控滤波器 ··· （159）

实验 8.8　电压控制 LC 振荡器 ·· （160）

第9章　数字电路综合设计性实验 ·· （162）

实验 9.1　数字抢答器的设计 ··· （162）

实验 9.2　交通信号灯控制电路设计 ·· （167）

实验 9.3　简易逻辑分析仪 ··· （173）

实验 9.4　简易数字频率计 ··· （181）

实验 9.5　数字电子钟电路设计 ··· （186）

实验 9.6　数字温度计 ··· （189）

第 4 篇　Multisim 仿真实验

第 10 章　Multisim 软件介绍 ··· （193）

10.1　基本界面 ··· （193）

10.2　文件基本操作 ·· （193）

10.3　元器件基本操作 ·· （194）

10.4　文本基本编辑 ·· （194）

10.5　图纸标题栏编辑 ·· （194）

10.6　子电路创建 ··· （195）

第 11 章　Multisim 仿真实验 ··· （197）

实验 11.1　单级放大电路 ··· （197）

实验 11.2　射极跟随器 ·· （213）

实验 11.3　差动放大电路 ··· （222）

实验 11.4　与非门逻辑功能测试及组成其他门电路 ·················· （226）

实验 11.5　Multisim 软件在数字电路中的应用 ······················· （231）

附　　录

附录 A　常用电子仪器主要技术指标和使用方法 ………………………………（237）

　A.1　示波器 ………………………………………………………（237）

　A.2　YB1600 系列函数信号发生器 ……………………………（248）

　A.3　数字交流毫伏表 ……………………………………………（255）

附录 B　常用数字集成电路 …………………………………………（260）

参考文献 ………………………………………………………………（280）

第1篇 实验基础知识

第1章　常用电子元器件

第2章　基本焊接技术

第3章　常用测量仪器

第4章　基本电子测量技术

第1章 常用电子元器件

本章主要介绍常用的一些电子元器件,如耗能元件电阻、储能元件电感、电容等以及一些非线性电子元器件,如二极管、晶体管等的类型和基本知识。

1.1 电 阻 器

电阻器一般指实际电路中的耗能元件,如电炉、照明器具等。

电阻在电路中用"R"加数字表示,如:R_{15}表示编号为 15 的电阻。电阻在电路中的主要作用为分流、限流、分压、偏置、滤波(与电容器组合使用)和阻抗匹配等。

参数识别:电阻的单位为欧姆(Ω),倍率单位有:千欧($k\Omega$)、兆欧($M\Omega$)等。换算方法是:$1\ M\Omega = 1\ 000\ k\Omega = 1\ 000\ 000\ \Omega$。常用的电阻参数标注方法有 3 种,即直接标注法、色环标注法(图 1.1)和数码标注法。

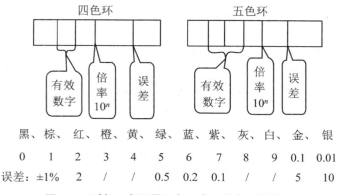

图 1.1　四色环电阻及五色环电阻的色环标注法

数码标注法主要用于贴片等小体积的元件,如:472 表示 $47 \times 100\ \Omega$(即 4.7 $k\Omega$);104 则表示 $10 \times 10\ 000\ \Omega$(即 100 $k\Omega$)(图 1.2)。

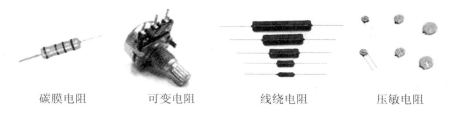

碳膜电阻　　　可变电阻　　　线绕电阻　　　压敏电阻

图 1.2　电阻实物图

1.2　电　容　器

电容器是由两片金属膜紧靠,中间以绝缘材料阻隔而组成的元件(图 1.3)。电容元件能够储存电场能量。当电容一定时,电流与电容两端电压的变化率成正比,当电压为直流电压时,电流则为零,电容相当于开路。

图 1.3　电容实物图

① 电容在电路中一般用"C"加数字表示(如 C_{25} 表示编号为 25 的电容)。

电容容量的大小就是表示能贮存电能的大小,电容的阻碍作用称为容抗,它与交流信号的频率和电容量有关。

容抗 $X_C = \dfrac{1}{j\omega C}$($\omega$ 表示交流信号的角频率,C 表示电容容量)。常用电容的种类有电解电容、瓷片电容、贴片电容、独石电容、钽电容和涤纶电容等。

② 在国际单位制中,电容的单位用 F(法[拉])表示。当在电容两端的电压为 1 V,极板上电荷为 1 C(库[仑])时,电容是 1 F(法[拉])。

$$1\ \text{F} = 10^6\ \mu\text{F} = 10^{12}\ \text{pF}$$

1.3　电　感　器

在电路中一般用实际线圈来表示电感。电感线圈是将绝缘的导线在绝缘的骨架上缠绕一定的圈数制成的(图 1.4)。线性电感元件的电压与该时刻电流的变化率成正比。当电流不随时间变化(直流电流)时,则电感电压为零。这时电感相当于短接。

电感在电路中常用"L"加数字表示,如:L_6 表示编号为 6 的电感。

在国际单位制中,电感的单位是 H(亨[利]),$1\ \text{H} = 10^3\ \text{mH} = 10^6\ \mu\text{H}$。

图 1.4　电感实物图

1.4　半导体二极管

半导体二极管在电路中常用"D"加数字表示,如:D_5 表示编号为 5 的二极管。

1.4.1　作用

二极管的主要特性是单向导电性,即在正向电压的作用下,导通电阻很小;而在反向电压作用下导通电阻极大或无穷大。

晶体二极管按作用可分为:整流二极管(如 1N4004)、发光二极管、稳压二极管、光电二极管、整流二极管以及变容二极管等。

1.4.2　识别方法

二极管(图 1.5)的识别很简单,小功率二极管的 N 极(负极),在二极管外表大多采用一种有色圈标出来,有些二极管也用二极管专用符号来表示 P 极(正极)或 N 极(负极),也有采用符号标志为"P""N"来确定二极管极性的。发光二极管的正负极可从引脚长短来识别,长脚为正,短脚为负。

1.4.3　二极管的简易测量

将万用表置"$R \times 100$"或"$R \times 1k$"欧姆挡,此时万用表的红表笔接的是表内电池的负极,黑表笔接的是表内电池的正极。因此当黑表笔接至二极管的正极、红表笔接至负极时为正向连接。具体的测量方法是:将万用表的红、黑表笔分别接在二极管两端,若测得电阻比较小(千欧量级以下),再将红、黑表笔对调后连接在二极管两端,若测得的电阻比较大(几十万欧),则说明二极管具有单向导电性,且质量良好。测得电阻小的那一次黑表笔接的是二极管的正极。

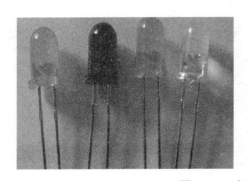

图1.5　二极管实物图

如果测得二极管的正、反向电阻都很小,甚至为零,表示二极管内部已短路;如果测得二极管的正、反向电阻都很大,则表示二极管内部已断路。

1.4.4　稳压二极管的特点

下面再简单介绍一下稳压二极管的特点。

① 稳压二极管的工作特点是工作在反向击穿区,并且在电路中起稳压作用时必须反接。

② 故障特点:稳压二极管的故障主要表现在开路、短路和稳压值不稳定。在这三种故障中,前一种故障表现出电源电压升高;后两种故障表现为电源电压变低到零伏或输出不稳定。

1.5　半导体三极管

半导体三极管在电路中常用"T"加数字表示,如:T_{17}表示编号为17的三极管。

1.5.1　半导体三极管的主要作用

晶体三极管主要在放大电路中起放大作用,在常见电路中有三种接法。为了便于比较,将晶体管三种接法电路所具有的特点列于表 1.1,供大家参考。

表 1.1　三极管的三种接法电路的特点

名　称	共发射极电路	共集电极电路 (射极输出器)	共基极电路
输入阻抗	中(几百欧至几千欧)	大(几万欧以上)	小(几欧至几十欧)
输出阻抗	中(几千欧至几万欧)	小(几欧至几十欧)	大(几万欧至几十万欧)
电压放大倍数	大	小(小于1并接近于1)	大
电流放大倍数	大(几十倍)	大(几十倍)	小(小于并接近于1倍)
功率放大倍数	大(30~40 dB)	小(约10 dB)	中(15~20 dB)
频率特性	高频差	好	好
应用	多级放大器中间级,低频放大	输入级、输出级或作阻抗匹配用	高频或宽频带电路及恒流源电路

1.5.2　三极管极性及管脚识别

判别管脚与管型时按以下办法进行。

判别时可把三极管(图 1.6)看成是两个背靠背的 PN 结,按照判别二极管极性的方法可以判断出哪一极为公共正极或公共负极,即为基极 b。具体的测量方法是:万用表置"$R\times100$"或"$R\times1$ k"欧姆挡,然后任意假定一个电极是"b 极",并用黑表笔与假定的 b 极相接,用红表笔分别与另外两个电极相接,如果两次测得电阻均很小,即为 PN 结正向电阻,则黑表笔所接的就是 b 极,且三极管为 NPN 型;如果两次测得电阻值一大一小,则表明假设的电极不是真正的 b 极,则需将黑表笔所接的管脚调换一下,再按上述方法测试。若为 PNP 管,则应用红表笔与假定的 b 极相接,用黑表笔接另外两个电极;若两次测得电阻均很小,则红表笔所接为 b 极,且三极管可确定为 PNP 管。

确定 b 极后,可接着判别发射极 e 和集电极 c。若是 NPN 型管,可将万用表的黑表笔和红表笔分别接触两个待定的电极,然后用手指捏紧黑表笔和 b 极(不能将两极短路,即相当于接一电阻),观察表针摆动幅度;然后将黑、红表笔对调,按上述方法重测一次。比较两次表针摆动幅度,摆动幅度较大的那次黑表笔所接管脚为 c 极,红表笔所接为 e 极。

若为 PNP 型管,按上述方法将黑、红表笔对换即可。

图 1.6　三极管实物图

1.6　场效应管

① 场效应管具有输入阻抗较高和噪声低等优点,因而被广泛应用于各种电子设备中。尤其用场效应管做整个电子设备的输入极,可以获得一般晶体管难以具备的性能。

② 场效应管分成结型和绝缘栅型两大类,其控制原理都是一样的。

③ 场效应管与晶体管比较如下:

a. 场效应管是电压控制元件,晶体管是电流控制元件。在只允许从信号源获取较少电流的情况下,应选用场效应管;在信号电压较低,又允许从信号源获取较多电流的条件下,应选用晶体管。

b. 场效应管利用多数载流子导电,所以称之为单极型器件;而晶体管既利用多数载流子导电,也利用少数载流子导电,所以称之为双极型器件。

c. 有些场效应管的源极和漏极可以互换使用,栅压也可正可负,灵活性比晶体管好。

d. 场效应管能在电流很小和电压很低的条件下工作,而且它的制造工艺可以很方便地把很多场效应管集成在一块硅片上,因此场效应管广泛地应用在大规模集成电路中。

1.7　集成运算放大器

集成运算放大器是一种线性集成电路,和其他半导体器件一样,它是用一些性能指标来衡量其质量的优劣的。为了正确使用集成运放,就必须了解它的主要参数指标。

常用的集成运放型号如 $\mu A741$(或 F007),它是八脚双列直插式组件,②脚和③脚为反相和同相输入端,⑥脚为输出端,⑦脚和④脚为正、负电源端,①脚和⑤脚为失调调零端,①、⑤脚之间可接入一只几万欧的电位器并将滑动触头接到负电源端,⑧脚为空脚。下面我们以 μA741 为例进行简单介绍。

1.7.1　μA741 的主要指标

1.7.1.1　输入失调电压 U_{oS}

理想运放组件,当输入信号为零时,其输出也为零。但是即使是最优质的集成组件,由于运放内部差动输入级参数的不完全对称,故输出电压往往不为零。这种零输入时输出不为零的现象称为集成运放的失调。输入失调电压 U_{oS} 是指输入信号为零时,输出端出现的电压折算到同相输入端的数值。

1.7.1.2　输入失调电流 I_{oS}

输入失调电流 I_{oS} 是指当输入信号为零时,运放的两个输入端的基极偏置电流之差。

输入失调电流的大小反映了运放内部差动输入级两个晶体管 β 的失配度,由于 I_{β_1}、I_{β_2} 本身的数值已很小(微安级),因此它们的差值通常不是直接测得的。

1.7.1.3　开环差模电压放大倍数 A_{ud}

集成运放在没有外部反馈时的直流差模放大倍数称为开环差模电压放大倍数,用 A_{ud} 表示。它定义为开环输出电压 U_o 与两个差分输入端之间所加信号电压 U_{id} 之比。

1.7.1.4　共模抑制比 K_{CMR}

集成运放的差模电压放大倍数 A_d 与共模电压放大倍数 A_c 之比称为共模抑制比,表示如下:

$$K_{CMR} = \left| \frac{A_d}{A_c} \right|$$

或

$$K_{CMR} = 20\lg \left| \frac{A_d}{A_c} \right|$$

共模抑制比在应用中是一个很重要的参数,理想运放对输入的共模信号的输出为零,但在实际的集成运放中,其输出不可能没有共模信号的成分,输出端共模信号愈小,说明电路对称性愈好,也就是说,运放对共模干扰信号的抑制能力愈强,即 K_{CMR} 愈大。

1.7.1.5　共模输入电压范围 U_{icm}

集成运放所能承受的最大共模电压称为共模输入电压范围,超出这个范围,运放的 K_{CMR} 会大大下降,输出波形产生失真,有些运放还会出现"自锁"现象及永久性的损坏。

1.7.1.6　输出电压最大动态范围 $U_{op\text{-}p}$

集成运放的动态范围与电源电压、外接负载及信号源频率有关。

1.7.2　集成运放在使用时应考虑的一些问题

1.7.2.1　输入信号及其频率和幅度的选取

输入信号选用交、直流量均可,但在选取信号的频率和幅度时,应考虑运放的频响特性和输出幅度的限制。

1.7.2.2　调零

为提高运算精度,在运算前应首先对直流输出电位进行调零,即保证输入为零时,输出也为零。当运放有外接调零端子时,可按组件要求接入调零电位器 R_W,调零时,将输入端接地,调零端接入电位器 R_W,用直流电压表测量输出电压 U_o,细心调节 R_W,使 U_o 为零(即失调电压为零)。

一个运放如不能调零,大致有如下原因:

① 组件正常,接线有错误。

② 组件正常,但负反馈不够强(R_F/R_1 太大),为此可将 R_F 短路,观察是否能调零。

③ 组件正常,但由于它所允许的共模输入电压太低,可能出现自锁现象,因而不能调零。可将电源断开后,再重新接通,如能恢复正常,则可证明属于这种情况。

④ 组件正常,但电路有自激现象,应进行消振。

⑤ 组件内部损坏,应更换好的集成块。

1.7.2.3　消振

一个集成运放自激时,表现为即使输入信号为零,亦会有输出,使各种运算功能无法实现,严重时还会损坏器件。在实验中,可用示波器监视其输出波形。为消除运放的自激,常采用如下措施:

① 若运放有相位补偿端子,可利用外接 RC 补偿电路,产品手册中有补偿电路及元件参数提供。

② 电路布线、元器件布局应尽量减少分布电容。

③ 在正、负电源进线与地之间接上并联的几十微法的电解电容和 0.01～0.1 μF 的陶瓷电容用以减小电源引线的影响。

1.8　三端式集成稳压器

随着半导体工艺的发展,稳压电路也制成了集成器件。由于集成稳压器具有体积小,外接线路简单、使用方便、工作可靠和通用性等优点,因此在各种电子设备中应用十分普遍,基本上取代了由分立元件构成的稳压电路。集成稳压器的种类很多,应根据设备对直流电源的要求来进行选择。对于大多数电子仪器、设备和电子电路来说,通常是选用串联线性集成稳压器。而在这种类型的器件中,又以三端集成稳压器(简称三端稳压器)应用最为广泛。

W7800、W7900 系列三端稳压器的输出电压是固定的,在使用中不能进行调整。W7800 系列三端稳压器输出正极性电压,一般有 5 V、6 V、9 V、12 V、15 V、18 V、24 V 共 7 个挡位,输出电流最大可达 1.5 A(加散热片)。同类型 78M 系列稳压器的输出电流为 0.5 A,78L 系列稳压器的输出电流为 0.1 A。若要求输出负极性电压,则可选用 W7900 系列稳压器。

图 1.7 所示为 W7800 系列的外形和接线图,图 1.8 所示为 W7900 系列的外形和接线图。W7800 系列三端稳压器有三个引出端:

输入端(不稳定电压输入端)	标以"1"
输出端(稳定电压输出端)	标以"3"
公共端	标以"2"

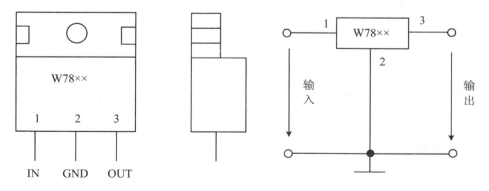

图 1.7　W7800 系列的外形及接线图

除固定输出三端稳压器外,尚有可调式三端稳压器,后者可通过外接元件对输出电压进行调整,以适应不同的需要。

① 例如:集成稳压器为三端固定正稳压器 W7812,它的主要参数有:输出直流

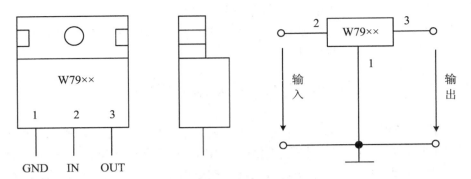

图 1.8　W7900 系列的外形及接线图

电压 $U_o = +12\mathrm{V}$，输出电流 L：0.1 A，M：0.5 A，电压调整率 10 mV/V，输出电阻 $R_o = 0.15\ \Omega$，输入电压 U_{in} 的范围 15～17 V。因为 U_{in} 一般要比 U_o 大 3～5 V，才能保证集成稳压器工作在线性区。

② 图 1.9 为可调输出正三端稳压器 W317 的外形及接线图。

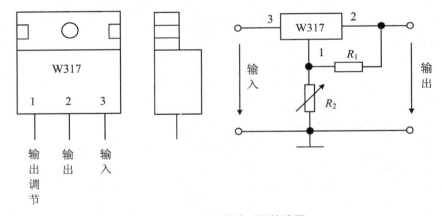

图 1.9　W317 的外形及接线图

输出电压计算公式

$$U_o \approx 1.25\left(1 + \frac{R_2}{R_1}\right)$$

最大输入电压

$$U_{in} = 40\ \mathrm{V}$$

输出电压范围

$$U_o = 1.2 \sim 37\ \mathrm{V}$$

1.9　数字集成门电路

数字集成门电路主要分为 TTL 集成门电路和 CMOS 集成门电路。

① TTL 系列以与非门为例，如表 1.2 所示。

表 1.2　TTL 系列集成门电路的功能

型　　号	逻辑功能
74LS00	2 输入与非门
74LS10	3 输入与非门
74LS20	4 输入与非门
74LS30	8 输入与非门

② CMOS 逻辑门电路有 3 大系列：4000 系列、74C××系列和硅氧化铝系列。

第 2 章　基本焊接技术

　　焊接是电子设备制造中极为重要的一个环节,任何设计精良的电子装置,如果没有相应的工艺保证,则难以达到技术指标。从元器件的选择、测试,直到装配成一台完整的电子设备,需经过多道工序。在专业生产中,多采用自动化流水线。但在产品研制单位、设备维修机构,乃至一些小型的生产厂家中,目前仍采用手工焊接方法生产。本章主要简单介绍手工焊接技术。

2.1　焊接基本知识

2.1.1　焊接工具

　　电烙铁是手工焊接的主要工具,选择合适的电烙铁,并合理地使用它,是保证焊接质量的关键。由于用途、结构的不同,对应有各式各样的电烙铁。最常用的是单一焊接用的直热式电烙铁,它分为内热式和外热式两种。图 2.1 所示为典型的直热式电烙铁结构,主要由以下几部分组成:

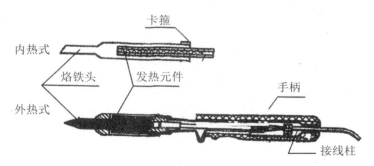

图 2.1　典型的直热式电烙铁结构示意图

　　发热元件:发热元件是电烙铁中的能量转换部分,俗称烙铁芯子。它是将镍铬发热电阻丝缠在云母、陶瓷等耐热、绝缘材料上构成的。内热式与外热式的主要区别在于外热式的发热元件在传热体的外部,而内热式的发热元件在传热体的内部,也就是烙铁芯子在内部发热。显然,内热式能量转换效率高。因而,同样温度的电烙铁内热式体积、重量均优于外热式。

　　烙铁头:存储和传递能量的烙铁头一般用紫铜制成。在使用中,热烙铁头会因高温氧化和焊剂腐蚀变得凹凸不平,需经常清理和修整。

手柄：一般用木料或胶木制成，以防温度过高影响操作。

接线柱：这是发热元件同电源线的连接处。一般电烙铁有 3 个接线柱，其中一个接金属外壳，接线时应用三芯线将外壳接保护零线。用新烙铁或换烙铁芯时，应判明接地端，最简单的办法是用万用表测外壳与接线柱之间的电阻。

选用电烙铁，一般应根据焊接面积的大小、焊件大小与性质和导线的粗细进行选择。焊接集成电路一般选用 25 W 的电烙铁，焊接 CMOS 电路一般选用 20 W 内热式电烙铁，而且外壳要连接地线，焊接小功率半导体管和小型元件时宜选择 45 W 以下的烙铁，焊接粗导线和大型元件时可选用 75 W 以上的烙铁。

常用烙铁头形状如图 2.2 所示。

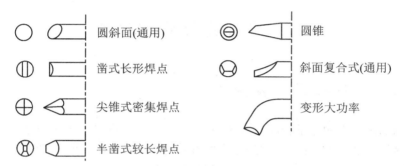

图 2.2　各种常用烙铁头形状

紫铜烙铁头使用一段时间后，表面会凹凸不平，而且氧化层严重，在这种情况下需要修整。常用的方法是将烙铁头拿下来，先用粗细锉刀修整成需要的形状，然后通电，待烙铁热后，在木板上放些松香及一段焊锡，烙铁头沾上锡后在松香中来回摩擦，直到烙铁头修整面均匀镀上一层锡为止。

注意：新烙铁头通电前，一定要先浸松香水，否则表面会生成一种难镀锡的氧化层。

2.1.2　焊料和助焊剂

焊料是易熔金属，熔点应低于被焊金属。焊料熔化时，在被焊金属表面形成液膜将被焊金属连接到一起。对于焊料，要求它有良好的流动性、附着性、一定的机械强度、良好的润湿性、宽度不大的凝固区域、熔点低、导电性好、使用方便。

常用的焊料是焊锡。焊锡是一种铅锡合金。在锡中加入铅后可获得锡与铅都不具备的优良特性。锡的熔点为 232 ℃，铅为 327 ℃，铅锡质量比例为 60∶40 的焊锡熔点只有 190 ℃左右，便于焊接。铅锡合金的机械强度是铅、锡本身的 2～3 倍，而且降低了表面张力和黏度，从而增大了流动性，提高了抗氧化能力。市面上出售的焊锡丝有两种：一种是把焊锡做成管状，管内填有松香，称为松香芯焊锡丝，使用这种焊锡丝时，可以不加助焊剂；另一种是无松香的焊锡丝，焊接时要加助焊剂。

由于电子设备的金属表面同空气接触后都会生成一种氧化膜,温度越高,氧化越厉害。这种氧化膜会阻止液态焊锡对金属的侵蚀作用。而助焊剂就是用于清除氧化膜、防止氧化、增加焊锡流动性、保证焊锡侵蚀作用、使焊点美观的一种化学试剂。对助焊剂的要求为:熔点应低于焊料,表面张力、黏度、密度应小于焊料,残渣容易清除,不能腐蚀母板,不产生有害气体和臭味。

通常使用的助焊剂有松香和松香酒精溶液。后者是用一份松香粉末和三份酒精(无水乙醇)配制而成的,焊接效果比前者好。另一种助焊剂是焊油膏,在电子电路的焊接中,一般不用它,因为它是酸性的焊剂,对金属有腐蚀作用;若必须使用,焊接后应立即将焊点附近清洗干净。

2.2　手工烙铁焊接技术

2.2.1　焊接操作姿势

焊剂加热发出的化学物质对人体是有害的,如果操作时鼻子距离烙铁头太近,就很容易将有害气体吸入,一般烙铁离开鼻子的距离应不少于 20 cm,通常以30 cm 为宜。电烙铁拿法通常有 3 种,如图 2.3 所示。

(a) 握笔法　　　　　　　(b) 反握法　　　　　　　(c) 正握法

图 2.3　电烙铁拿法

一般在操作台焊印制板等焊件时,多采用握笔法。反握法动作稳定,长时间操作不易疲劳,适于大功率烙铁的操作。正握法适于中等功率或带弯头电烙铁的操作。

焊接丝一般有两种拿法,如图 2.4 所示。

(a) 断续锡焊时焊锡丝的拿法　　　　　　(b) 连续锡焊时焊锡丝的拿法

图 2.4　焊锡丝拿法

由于焊接成分中铅占一定比例,众所周知,铅是对人体有害的重金属,因此操作时应戴上手套并在操作后洗手,以避免食入。电烙铁用后一定要稳妥放于烙铁架上,并注意导线等物不要触碰到烙铁。

2.2.2　焊接操作的基本步骤

2.2.2.1　准备施焊

左手拿焊丝,右手握烙铁(烙铁头应保持干净,并吃上锡),处于随时可施焊的状态,如图 2.5(a)所示。

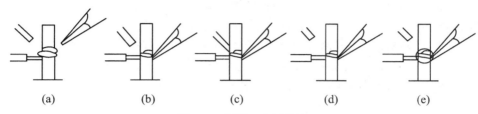

图 2.5　焊锡 5 步操作法

2.2.2.2　加热焊件

应注意加热焊件整体,例如,图 2.5(b)中导线与接线柱要均匀受热。

2.2.2.3　送入焊丝

加热焊件达到一定温度后,焊丝从烙铁对面接触焊件(而不是烙铁),如图 2.5(c)所示。

2.2.2.4　移开焊丝

焊丝熔化一定量后,立即移开焊丝,如图 2.5(d)所示。

2.2.2.5　移开烙铁

焊锡浸润焊盘或焊件的施焊部位后,移开烙铁,如图 2.5(e)所示。对于热容量小的焊件,上述整个过程不过 2~4 s,各部时间的控制、时序的准确掌握、动作的协调熟练都应该通过实践用心体会。

2.2.3　焊接操作手法

2.2.3.1　保持烙铁头的清洁

因为焊接时烙铁头长期处于高温状态,且接触焊剂等杂质,其表面很容易氧化并沾上一层黑色杂质,这些杂质会形成隔热层,使烙铁头失去加热作用。因此要随时在烙铁架上蹭去杂质。

2.2.3.2　采用正确的加热方法

要靠增加接触面积加快传热,而不要用烙铁对焊件施力,即应该根据焊件形状选用不同的烙铁头,或修正烙铁头,让烙铁头与焊件形成面接触而不是点或线接触。为了提高烙铁头的加热效率,烙铁头上应保留少量焊锡作为加热的烙铁头与焊件之间传热的介质。同时还要注意,加热时应让焊件上焊锡浸润的各部分均匀受热,而不是仅加热焊件的一部分,正确的加热方法如图2.6所示。

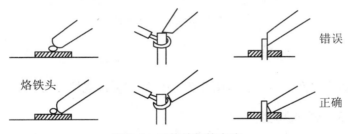

图2.6　正确的加热方法

2.2.3.3　在焊件凝固之前不要使焊件移动或震动

用镊子夹住焊件时,一定要等焊锡凝固后再移去镊子。这是因为焊锡凝固过程是结晶过程,在结晶期间受外力会改变结晶条件,形成大粒结晶,焊锡迅速凝固,造成所谓的"冷焊",外观现象是表面光泽,呈豆渣状,焊点内部结构疏松,造成焊点强度降低,导电性能差。因此,在焊锡凝固前,一定要保持焊件处于静止状态。

2.2.3.4　焊锡量要合适

过量的焊锡不但毫无必要地消耗了较贵的锡,而且增加了焊接时间,相应降低了工作速度。更为严重的是,在高密度的电路中,过量的焊锡很容易造成不易觉察的短路。

但是若焊锡过少,则不能形成牢固的结合,同样也是不允许的,特别是在板上焊导线时,焊锡不足往往造成导线脱落,如图2.7所示。

2.2.3.5　不要用过量的助焊剂

适量的助焊剂是非常有用的,但绝不是越多越好。过量的松香不仅增加了焊后焊点周围清污的工作量,而且延长了工作时间(松香熔化、挥发会带走热量),降低了工作效率,而当加热时间不足时,又容易夹杂到焊锡中形成"夹渣"缺陷。焊接开关元件时,过量的助焊剂容易流到触点处,造成接触不良。

(a) 合适的焊锡量与合格的焊点　　(b) 焊锡过多造成浪费　　(c) 焊锡过少焊点强度差

图 2.7　焊锡量的掌握

合适的焊剂量应该是松香水仅能浸润到将要形成的焊点,不要让松香水透过印制板流到元件面或插座孔里。

2.2.3.6　不要用烙铁头作为运载焊料的工具

有人习惯用烙铁头蘸上焊锡去焊接,这样很容易造成焊料的氧化和助焊剂的挥发,因为烙铁头温度一般在 300 ℃左右,焊锡丝中的焊剂在高温下容易分解挥发。在调试维修中,不得已必须用烙铁头蘸锡焊接时,动作要迅速敏捷,防止氧化而造成劣质焊点。

2.3　电子线路手工焊接工艺

2.3.1　印制电路板的焊接

印制电路板在焊接之前要仔细检查,看其有无断路、短路、孔金属化不良以及是否涂有助焊剂或阻焊剂等。

焊接前,应将印制电路板上所有的元器件作整形、镀锡。焊接时,一般工序应先焊较低的元件,后焊较高的和要求比较高的元件等。次序是:电阻→电容→二极管→三极管→其他元件等。应先焊电路板中心位置的元件,后焊靠边的元件。为使焊好的印制电路板整齐,并占用空间位置最少,印制电路板上所有的元器件都要排列整齐,高度不超过最高元件高度,同类元件要保持高度一致。焊接结束后,需检查有无漏焊、虚焊现象。检查时,可用镊子将每个元器件管脚轻轻提一提,看是否摇动,若发现摇动,应重新焊接。

2.3.2   集成电路的焊接

集成电路的安装焊接有两种方式:一种是将集成块直接与印制板焊接;另一种是先在印制板上焊接专用插座(IC插座),然后将直插式集成块插入。

在焊接时应注意下列事项:

① 集成电路的引线如果是镀金、银处理的,不要用刀刮,只需用酒精擦洗或绘图橡皮擦干净就可以了。

② 对CMOS电路,如果事先已将各引线断路,焊前不要拿掉断路线。

③ 焊接时间在保证浸润的前提下,应尽可能短,每个焊点最好用3 s焊好,最多不能超过4 s,连续焊接时间不要超过10 s。

④ 烙铁最好用20 W内热式的,接地线应保证接触良好。若无保护零线,最好将烙铁断电,用余热焊接。

⑤ 使用低熔点焊剂,一般熔点不要超过150 ℃。

⑥ 工作台上如果铺有橡胶、塑料等易积累静电的材料,则电路片及印制板等不宜放在台面上。

⑦ 集成电路若不使用插座而是直接焊到印制板上,则安全焊接顺序为:地端→输出端→输入端。

⑧ 焊接集成电路的插座时,必须按集成块的引线排列图焊好每个点。

2.3.3   导线焊接技术

绕焊:把经过镀锡的导线[图2.8(a)]端头在接线端子上缠一圈,用钳子拉紧缠牢后进行焊接,见图2.8(b)。注意导线一定要紧贴端子表面,绝缘层不要接触端子,一般在 $L=1\sim3$ mm(L 为导线绝缘皮与焊面之间的距离)处为宜。这种连接可靠性最好。

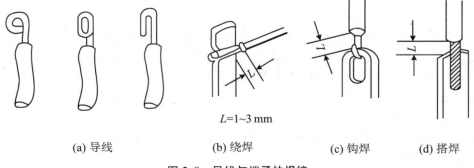

| (a) 导线 | (b) 绕焊 | (c) 钩焊 | (d) 搭焊 |

图2.8   导线与端子的焊接

钩焊:将导线端子弯成钩形,钩在接线端子上并用钳子夹紧后实施焊接,见图 2.8(c),端头处理与绕焊相同。这种处理方法强度低于绕焊,但操作简便。

搭焊:把经过镀锡的导线搭到接线端子上施焊,见图 2.8(d)。这种连接最方便,但强度最低、可靠性最差,仅用于临时连接或不便于缠、钩的地方以及某些接插件上。

2.3.4　拆焊

调试和维修中常需要更换一些元器件,如果方法不当,不但会损坏印制电路板,还会使换下而并没失效的元器件无法重新利用。

一般电阻、电容、晶体管等的管脚不多,每个引线能相对活动的元器件可用烙铁直接拆焊。将印制电路板竖起来夹住,一边用烙铁加热待拆元件的焊点,一边用镊子或尖嘴钳夹住元器件引线轻轻拉出,如图 2.9 所示。

重新焊接时,须先用锥子将焊孔在加热熔化的情况下扎通,当然,这种方法不宜在一个焊点上多次用,因为印制导线和焊盘在反复加热后很容易脱落,造成印制板损坏。在可能多次更换的情况下可采用图 2.10 所示方法。

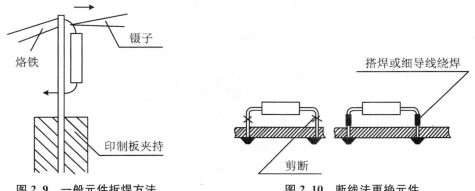

图 2.9　一般元件拆焊方法　　　　图 2.10　断线法更换元件

当需要拆下多个焊点且引线较硬的元器件时,如要拆下多线插座时,以上方法均不适用,一般采用以下 3 种方法。

1. 采用专用工具

如图 2.11 所示采用专用烙铁头,一次可将所有焊点加热熔化取出插座。这种方法速度快,但须使用功率较大的专用工具。另外,在拆焊后焊孔很容易堵死,重新焊接时还需要清理。显然,这种方法对于不同的元器件需要用不同类型的专用工具,因而有时并不是很方便。

2. 采用吸锡烙铁或吸锡器

这种工具既可拆下待换的元件,又可避免焊孔堵塞,而且不受元器件种类的限制。但它需要逐个焊点除锡,效率不高,且须及时排除吸入的锡。

3. 用吸锡材料

可用作吸锡的材料有屏蔽线编织层、细铜网以及多股导线等。将吸锡材料浸上松香水贴到待拆焊点上,用烙铁头加热吸锡材料,通过吸锡材料将热传导至焊点熔化焊锡,熔化的锡沿吸锡材料上升即可将焊点拆开,如图2.12所示。这种方法简单易行,且不易烫坏印制板。在没有专用工具和吸锡烙铁时,常采用此方法。

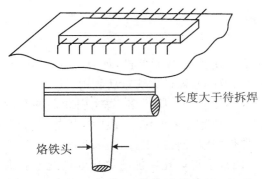

长度大于待拆焊

烙铁头

图 2.11   长排插座及专用工具

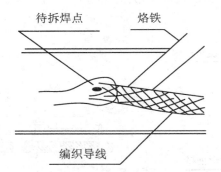

待拆焊点   烙铁

编织导线

图 2.12   用吸锡材料拆焊

第3章 常用测量仪器

在电子技术设计及实验中,通常需对电路中的一些电量参数进行测量或者给电路提供一定的电信号等,这些操作均离不开常用的测量仪器仪表。本章主要介绍电子测量中常用仪器的性能参数、功能、使用方法及注意事项。

3.1 万 用 表

数字万用表可以测量交、直流电压和交、直流电流,电阻、电容、三极管 β 值、二极管导通电压和电路短接等,用一个旋转波段开关改变测量的功能和量程。

3.1.1 技术参数

直流电压:200 mV～1 000 V。
交流电压:2～750 V。
直流电流:200 μA～20 A。
交流电流:2 mA～20 A。
电阻:200 Ω～20 MΩ。
电容:2～20 μF。
频率:20 kHz。
电源供应:+9 V。
最大显示:19 999。

3.1.2 面板及操作说明

万用表功能说明如图 3.1 所示。

3.1.3 使用方法

3.1.3.1 准备

按下电源开关,观察液晶显示是否正常,是否有电池缺电标志出现,若有则要先更换电池。

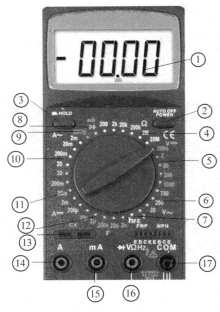

图 3.1　万用表功能说明图

面板说明如下：

① 显示器：数字液晶显示屏。

② 电源开关：按下，则接通电源，不用时应随手关断。

③ 读数保持键：按下此键即可将当前显示的读数保持下来，供读取数值或记录用。进行连续测量时不需要使用此键。

④ 功能量程开关：测量电阻。

⑤ 功能量程开关：测量直流电压。

⑥ 功能量程开关：测量交流电压。

⑦ β 值测试：将被测三极管的集电极、基极和发射极分别插入"C""B""E"插孔内，注意区分三极管是 NPN 型还是 PNP 型。

⑧ 二极管正向压降和线路的通断测量插孔。

⑨ 功能量程开关：测量频率。

⑩ 功能量程开关：测量交流电流。

⑪ 功能量程开关：测量直流电流。

⑫ 功能量程开关：测量电容。

⑬ 电容测量插孔：测量电容时，将电容引脚插入插孔中。

⑭ 大电流插孔：当测量大于 200 mA，小于 10 A 的电流时，红表笔应插入此插孔。

⑮ 小电流插孔：当测量小于 200 mA 的电流时，红表笔应插入此插孔。

⑯ "VΩHz"插孔：当测量电压、电阻和频率时，红表笔应插入此插孔。

⑰ 接地公共端"COM"插孔：黑表笔始终插入此接地插孔中。

3.1.3.2　使用

1. 交、直流电流的测量

根据测量电流的大小选择适当的电流测量量程和红表笔的插入孔，测量直流时，红表笔接触电压高的一端，黑表笔接触电压低的一端，正向电流从红表笔流入万用表，再从黑表笔流出，当不清楚要测量的电流大小时，先用最大的量程来测量，然后再逐渐减小量程测得精确数值。

2. 交、直流电压的测量

红表笔插入"VΩHz"插孔中，根据电压的大小选择适当的电压测量量程，黑表笔接触电路"地"端，红表笔接触电路中待测点。

3. 电阻的测量

红表笔插入"V/Ω"插孔中,根据电阻的大小选择适当的电阻测量量程,红、黑两表笔分别接触电阻两端,观察读数即可。特别是在测量电阻时,应先把电路的电源关断,以免引起读数抖动。禁止用电阻挡测量电流或电压(特别是交流 220 V 电压),因其容易损坏万用表。

4. 电容的测量

将电容两端插入"CX"测试两端,根据电容的大小选择适当的量程,观察读数即可。

5. 三极管值 β 测试

首先要确定待测三极管是 NPN 型还是 PNP 型,然后将其管脚正确地插入对应类型的测试插座中,功能量程开关转到"β"挡,即可以直接从显示屏上读取 β 值,若显示"000",则说明三极管已坏。

6. 短路检测

将功能、量程开关转到∞的位置,两表笔分别接测试点,若有短路,则蜂鸣器会鸣叫。

3.1.4　注意事项

① 注意正确选择量程及红表笔插孔。对未知量进行测量时,应首先把量程调到最大,然后从大向小调,直到合适为止。
② 不测量时,应随手关断电源。
③ 改变量程时,表笔应与被测点断开。
④ 测量电流时,切忌过载。
⑤ 不允许用电流挡或电阻挡测电压。

3.2　交流毫伏表

交流毫伏表用来测量正弦交流电压的有效值。

3.2.1　主要技术参数

电压范围:100 μV～300 V。

电压刻度:1 mV,3 mV,10 mV,100 mV,300 mV,1 V,3 V,10 V,30 V,100 V,300 V。

dB 刻度:−60～+50 dB。

频率响应:100 Hz～100 kHz(±5%);

10 Hz～1 MHz(±8％)。

输入阻抗：1 MΩ//45 pF。

电源：220 V(±10％)，(50±2)Hz。

3.2.2　面板及操作说明

此类毫伏表可以同时测量两路正弦波信号的有效值，其功能说明如图 3.2所示。

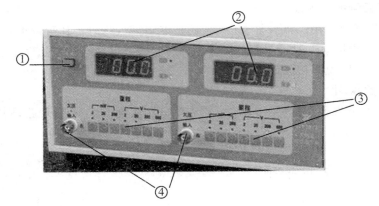

图 3.2　毫伏表功能说明

① 电源开关。

② 两路信号的显示屏。

③ 两路信号的量程转换开关和指示灯。

④ 两路信号的输入端子。

3.2.3　注意事项

① 尽量避免输入过载，否则容易损坏毫伏表。

② 将量程开关置于适当量程，再载入测量信号。若测量电压未知，应将量程开关置于最大挡，然后逐渐减小量程，所测交流电压中所含的直流分量不得大于最大量程。

③ 由于仪表灵敏度较高，使用时必须正确选择地点，以免造成测试错误。

④ 不用时，将量程打到最大挡。

3.3　函数信号发生器

函数信号发生器 YB1636 可产生频率范围 0.1 Hz～1 MHz 的方波、三角波、正弦波和脉冲波信号,且有可调输出信号直流偏置和 TTL/CMOS(电平可调)脉冲输出端子。另外,还有频率计功能,可以测量频率范围从 0.1 Hz~10 MHz,输入灵敏度≤20 mV/ms。

3.3.1　主要技术参数

频率范围:0.1 Hz~1 MHz 分 7 挡。
波形:正弦波、三角波、方波、斜波、TTL 及调频波。
TTL 输出脉冲波:低电平≤0.4 V,高电平≥3.5 V。
CMOS 输出脉冲波:低电平≤0.5 V,高电平 5~14 V 连续可调。
输出阻抗:50 Ω(±10%)。
输出幅度:≥20 $U_{\text{p-p}}$(空载)。
输出衰减:20 dB、40 dB。
直流偏置:0~(±10 V)连续可调。
VCF 输入:DC~1 kHz,0~5 V。
频率计:1 Hz~10 MHz,灵敏度 100 mV/ms,最大 15 V(AC+DC)。
电源:220 V(±10%),(50±2)Hz。

3.3.2　面板及操作说明

函数信号发生器 YB1636 面板如图 3.3 所示,功能键说明如下:

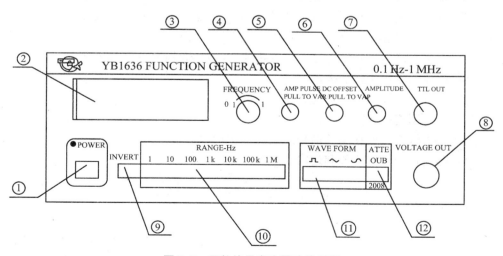

图 3.3　函数信号发生器功能说明

① 电源开关键(POWER):按下电源接通(ON),弹起关断电源(OFF)。

② 显示窗口(LED)：窗口指示输出信号的频率。

③ 频率调节旋钮(FREQUENCY)：调节此旋钮改变输出信号频率,顺时针旋转,频率增大;逆时针旋转,频率减小。

④ 占空比(PULL)：占空比开关,占空比调节旋钮,将此开关拉出,调节此旋钮,可改变波形的占空比。

⑤ 直流偏置(OFFSET)：直流偏置开关和旋钮,将此开关拉出,调节此旋钮,可改变输出电压的直流电平。

⑥ 幅度调节旋钮(AMPLITUDE)：顺时针调节此旋钮,增大输出信号的幅度;逆时针调节此旋钮,减小输出信号的幅度。

⑦ TTL 输出(TTL OUT)：由此端口输出 TTL 信号。

⑧ 电压输出端口(VOLTAGE OUT)：由此端口输出电压。

⑨ 极性开关(INVERT)：按下此开关改变输出信号的极性。

⑩ 频率范围选择开关(RANGE‐Hz)：根据需要的频率,按下其中一键。

⑪ 波形选择开关(WAVE FORM)：按下对应波形的某一键,可选择需要的波形。

⑫ 衰减开关(ATTE)：电压输出衰减开关。

3.3.3　使用注意事项

① 避免过冷和过热：不可将函数信号发生器长期暴露在日光下或靠近热源,如火炉;不可在寒冷天气时放在室外使用,仪器工作温度应是 0~40 ℃。

② 避免湿度、水分和灰尘：如果将函数信号发生器放在湿度大或灰尘多的地方,可能导致仪器出现故障,最佳使用相对湿度是 35%~90%。

③ 不可在函数信号发生器上放置物体,注意不要堵塞仪器通风孔。

④ 避免仪器遭到强烈撞击。

⑤ 不可将导线或针插进通风孔。

⑥ 不可用连接线拖拉仪器。

⑦ 不可将烙铁放在函数信号发生器框架或表面上。

⑧ 避免长期倒置存放和运输。

3.4　示　波　器

示波器是一种能在示波管屏幕上显示出电信号变化曲线的仪器,它不但能像电压表、电流表那样读出被测信号的幅度(注意:电压表、电流表如无特殊说明,读出的数值为有效值),还能像频率计、相位计那样测试信号的周期(频率)和相位,而且还能用来观察信号的失真情况及脉冲波形的各种参数等。

3.4.1　主要技术参数

频带宽度：DC 耦合 0～40 MHz；AC 耦合 10～40 MHz。
Y 轴灵敏度：5 mV/div～5 V/div，分 10 挡。
最大允许输入电压：300 V(DC＋AC)峰-峰值。
扫描时间：0.2～0.5 μs/div，分 20 挡。

3.4.2　面板及操作说明

示波器的面板如图 3.4 所示，各键说明如下：

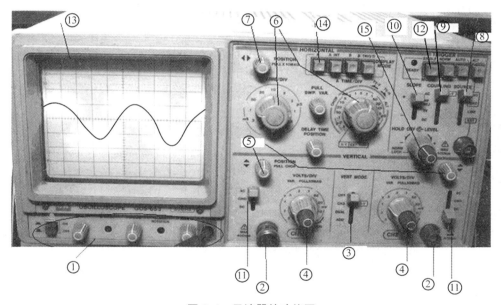

图 3.4　示波器的功能图

① 电源部分：

电部开关(POWER)：当此开关按下时，电源指示灯亮，表示电源接通。

辉度(INTENSITY)：旋转此旋钮能改变光点和扫描线的亮度。观察低频信号时可小些，高频信号时大些。一般不应调太亮，以保护荧光屏。

聚焦(FOCUS)：聚焦旋钮调节电子束截面大小，将扫描线聚焦成最清晰状态。

校正信号(CAL)：2 kHz 非过零方波，0.5 V_p(或 0.3 V_p)。

② 信号输入通道：有两个输入通道，分别为通道 $CH_1(X)$ 和通道 $CH_2(Y)$。

③ 通道选择键：CH_1——通道 1 单独显示；CH_2——通道 2 单独显示；DUAL——屏幕上显示 CH_1，CH_2 两路信号；ADD——两通道的信号叠加。

④ 输入衰减器(V/DIV)：根据输入通道信号的幅度调节旋钮的位置，将该旋钮指示的数值乘以被测信号在屏幕垂直方向所占格数，即得出该被测信号的幅度。

⑤ 垂直移动调节旋钮(POSITION)：用于调节两路被测信号光迹在屏幕垂直方向的位置。

⑥ 时间扫描粗调和微调旋钮(T/DIV)：根据输入信号的频率调节旋钮的位置，将该旋钮指示数值乘以被测信号一个周期占有格数，即得出该信号的周期，也可以换算成频率。

⑦ 水平位置调节旋钮：用于调节被测信号光迹在屏幕水平方向的位置。

⑧ 触发源：INT——内触发(与触发信号选择配合使用)；LINE——选择电源作为触发信号；EXT——选择 EXT TRIG 信号作为外触发信号。

⑨ 触发耦合方式：AC——交流耦合(电容耦合)；GFREJ——交流耦合并抑制 50 kHz 以上的高频信号；TV——电路连接成电视同步分离电路；DC——直流耦合(直接耦合)。

⑩ SLOPE 开关：触发极性开关。

⑪ 输入耦合选择：AC——交流耦合；DC——直流耦合；GND——接地。

⑫ 触发方式选择：常态(NORM)：无信号时，屏幕上无显示；有信号时，与电平控制配合显示稳定波形。

自动(AUTO)：无信号时，屏幕上显示光迹；有信号时与电平控制配合显示稳定的波形。

ALT：以市电为触发源用于显示电视场信号。

峰值自动(P-P AUTO)：无信号时，屏幕上显示光迹；有信号时，无需调节电平即能获得稳定波形显示。

⑬ 显示屏。

⑭ 展示模式(DISPLAY MODE)。

⑮ 电平调节(LEVEL)：LOCK 时为锁定。

3.4.3　注意事项

① 避免频繁开关机。

② 如果发现波形受外界干扰，可将示波器外壳接地。

③ "Y 输入"的电压不可太高，以免损坏仪器，在最大衰减时也不能超过 400 V。"Y 输入"导线悬空时，受外界电磁干扰会出现干扰波形，应避免出现这种现象。

④ 关机前先将辉度调节旋钮沿逆时针方向转到底，使亮度减到最小，然后再断开电源开关。

⑤ 在观察荧屏上的亮斑并进行调节时，亮斑的亮度要适中，不能过亮。

第4章 基本电子测量技术

测量是人类对客观事物取得数量概念的认识过程,是人们认识和改造自然的一种不可缺少的手段。在自然界中,若要对任何被研究的对象定量地进行评价,都必须通过测量来实现。在电子技术领域中,中肯的分析只能来自正确的测量。

测量技术主要研究测量原理、方法和仪器等内容。凡是利用电子技术进行的测量都可以称为电子测量。

电子测量的基本内容包括:

① 电能量的测量(各种频率、波形的电压、电流等)。

② 电信号特性的测量(波形、频率、时间、相位、噪声以及逻辑状态等)。

③ 电路参数的测量(阻抗、品质因数、电子器件参数等)。

④ 导出量的测量(增益、失真度、调幅度等)。

⑤ 特性曲线的显示(幅频特性及器件特性等)。

本书只简略介绍与电子线路实验相关的部分测量内容。

4.1 电子电路中电压量的测量

在电子测量领域中,电压量是基本参量之一。许多电参数,如频率特性、失真度、灵敏度等都可视为电压的派生量。各种电路工作状态,如饱和、截止及动态范围等通常都以电压的形式反映出来。而电子设备的各种控制信号、反馈信号等信息也主要是用电压来表现的。不少测量仪器,例如信号发生器、各种电子式电压表等,都用电压量来指示。电压量的测量是许多电参数的测量基础。

4.1.1 电子电路中电压量的特点

一提起电压的测量,不少人就会想到万用表。的确,万用表的应用是很广泛的,但是在电子电路测量中它并不是万能的,因为电子电路中的电压量具有如下特点。

4.1.1.1 频率范围宽

电子电路中电压的频率可以在直流到在数百兆赫兹范围内变化。这就需要有测量从直流到几十万赫兹的低频电压表以及从几十万赫兹到百兆赫兹的高频或超高频电压表。对于甚低频或高频范围的电压,万用表是不能胜任的。

4.1.1.2　电压范围广

对于微伏级或微伏以下的直流或交流电压必须用灵敏度很高的电压表来测量,对于千伏以上的高压应当用有较高绝缘强度的电压表来测量。在电子电路中,微伏及毫伏级的电压很常见,为了测量它的数值,必须用具备高放大倍数和高稳定性放大器的电压表。如果用多位数字电压表,甚至可以测量出 10^{-9} V 数量级的电压。

4.1.1.3　等效电阻较高

将电子电路简化成等效电路,其等效电阻往往在千欧至兆欧的数量级。由于测量仪器的输入电阻就是被测电路的额外负载,为了使仪器的接入对被测电路的影响足够小,要求测量仪器具有较高的输入电阻。

在测量较高频率的电压时,还应当考虑输入电容等的影响以及阻抗匹配等问题。

4.1.1.4　波形多种多样

电子电路中除了正弦波电压以外,还有大量的非正弦电压(包括脉冲电压)。这时从普通指示仪表度盘上直接获得的示值往往包含较大的波形误差。

4.1.1.5　被测的电压中往往是交流与直流并存

被测电压中往往是交、直流并存,甚至还有一些如噪声干扰等不希望测量的成分。这需要在测量中加以区分。

对于上述这几种情况,在测量精确度要求不太高时,电子示波器比指示仪表的适应性更强一些。因为它频带宽、灵敏度高、输入阻抗高,而且能直观地反映出波形的变化。

电子电路中对电压量的测量,通常属于工程测量,只要求有适当的精确度即可。但是也有一些场合,例如,测量稳压电源的稳定度,对信号发生器进行频率校准等,则需要有较高的精确度。

对于测量电子电路中的电压量在很多场合下希望能够实现自动测量、自动校准、自动处理测量数据等。

对于一个电压可能同时要满足上述各项要求,例如,测量一个内阻较高的、频率为 1 MHz 的、大小为 1 mV 的方波电压,又希望测得比较准确,这就需要在制订测量方案时根据测量目的及要求,全面考虑,选择合适的测量方法,合理地选择测量仪器。

4.1.2　高内阻回路直流电压的测量

电子电路中很多电路是由恒流源或场效应管组成的,其等效电阻往往较高,如仍用普通的万用表测量则误差很大。

4.1.2.1　电压表输入阻抗引起的测量误差

任何一个被测电路都可以等效成一个电源 E_o 与一个阻抗 Z_o 串联,如图 4.1 所示,当接入电压表时相当于将仪表的输入阻抗 Z_i 并联在被测电路上。

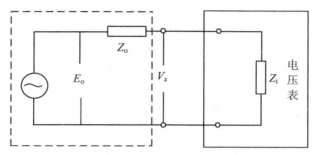

图 4.1　电压表输入阻抗对被测电路的影响

以直流电路为例,电压表的指示值 V_x 等于电阻 R_i 与 R_o 对等效电源 E_o 的分压,设等效电源电压值为 V_o,则

$$V_x = \frac{R_i}{R_o + R_i} V_o \qquad (4.1)$$

绝对误差

$$\Delta V = V_x - V_o$$

相对误差

$$\gamma = \frac{\Delta V}{V_o} = \frac{V_x - V_o}{V_o} = \frac{\dfrac{R_i}{R_o + R_i} V_o - V_o}{V_o}$$

$$= \frac{R_i}{R_o + R_i} - 1 = -\frac{R_o}{R_o + R_i} \qquad (4.2)$$

由式(4.2)可知,所选电压表的输入电阻愈大,测量误差愈小。

4.1.2.2　运算放大式电压表

对于微弱的直流信号电压的测量,必须将其放大后才能驱动表针偏转;同时也需要通过放大器提高仪表输入电阻。

在电压表中接入线性集成放大电路构成运算放大式电压表,如图 4.2 所示。分压器用于变换量程,运算放大器对被测的微弱直流电压进行放大,并将高输入电阻转换为低输出电阻,以便与磁电式微安表配合。运算放大式电压表能测出微伏至数百伏电压。

V_x ○─── | 分压器 | ─── | 运算式放大器 | ─── (微安表)

图 4.2　运算放大式电压表电路结构

4.1.2.3　用示波法测量直流电压

以电子示波器为测量工具的示波测量法,除能测量交变量外,也可以测量直流量,但所用示波器的 Y 放大器必须由直流放大器构成。

当被测信号为直流电压时,屏幕上亮点(或扫描线)在垂直方向的位移量正比于被测电压的大小,偏移的方向表示被测电压的极性。

将被测信号直接接入示波器输入端时,被测电压的大小可按式(4.3)计算:

$$V_x = Y \cdot S_y \qquad (4.3)$$

式中,Y 是亮点在垂直方向的位移(cm);

S_y 是示波器 Y 通道的总偏转灵敏度(V/cm),包括示波器的倍乘量在内。

当被测电压值较高时,可接入衰减探头,这时读数要乘以探头的衰减倍率。

这种方法因为示波器的衰减比、灵敏度校正和放大器增益以及从屏幕上读取 Y 值的视差等都会导致测量误差,所以测量准确度不高。但是如果能在使用前利用示波器备有的校正信号对偏转灵敏度进行校准,在对精度要求不太高的场合还是适用的。由于它的输入电阻较高,因而经常被采用。

4.1.3　低频电压的测量

测量低频电压(一般指 1 MHz 以下)多用平均值电压表(均值表)。

4.1.3.1　均值表原理

我们知道电压平均值的定义是

$$\bar{V} = \frac{1}{T}\int_0^T v(t)\,\mathrm{d}t$$

对于纯正弦交流电压,当 T 取为信号的周期值时,$\bar{V}=0$,而这里 $\bar{V}$ 是指经过整流后的平均值,即输入电压的绝对值在一个周期内的平均,其公式见式(4.4)。不特别注明时,均指全波整流的平均值。

$$\bar{V} = \frac{1}{T}\int_0^T |v(t)|\,\mathrm{d}t \qquad (4.4)$$

整流电路输出的直流电流(或电压)与输入电压(绝对值)的平均值成正比。

4.1.3.2　波形换算方法

由于指针偏转角 α 与被测电压平均值 $\overline{V}_x$ 成正比,但仪表度盘是按正弦波电压有效值刻度的。所以电表在额定频率下加正弦交流电压时的指示值

$$V_\alpha = K_\alpha \cdot \overline{V} \tag{4.5}$$

式中, $\overline{V}$ 是被测任意波形电压的平均值; K_α 是定度系数。

$$K_\alpha = \frac{V_\alpha}{\overline{V}} \tag{4.6}$$

如果被测电压是正弦波,又采用全波检波电路,若已知正弦有效值电压为 1 V,则全波检波后的平均电压为 $\frac{2\sqrt{2}}{\pi}$V,故

$$K_\alpha = \frac{V_\alpha}{\overline{V}} = \frac{1}{\dfrac{2\sqrt{2}}{\pi}} \approx 1.11 \tag{4.7}$$

利用均值表测量非正弦波形电压时,其示值 V_α 一般没有直接意义,只有把指示值经过换算后,才能得出被测电压的有效值。

首先按"平均值相等,指示值也相等"的原则将指示值 V_α 折算成被测电压的平均值:

$$\overline{V} = \frac{V_\alpha}{V} = \frac{1}{1.11}V_\alpha \approx 0.9V_\alpha \tag{4.8}$$

再用波形系数 K_F 求出被测电压的有效值:

$$V_{x \cdot \text{rms}} = K_F \cdot \overline{V} \approx 0.9K_F V_\alpha \tag{4.9}$$

不同信号电压具有不同的波形系数 K_F。由已学知识可知:

$$波形系数(K_F) = \frac{有效值}{平均值} \tag{4.10}$$

常用的波形系数是:正弦波 $K_F = 1.11$,方波 $K_F = 1$,三角波 $K_F = 1.15$。

总之,波形换算的方法是,当测量任意波形电压时,将从电表刻度盘上取得的指示值先除以定度系数折算成正弦波电压(取绝对值)的平均值,再按"平均值相等,指示值也相等"的原则,用波形系数换算出被测的非正弦电压有效值。

对于采用全波检波电路的电压表来说:

$$V_{x \cdot \text{rms}} = 0.9K_F V_\alpha \tag{4.11}$$

4.1.4　高频电压的测量

如果被测电压的频率比较高,用前述的方法来测量就会产生较大的频率误差。

在前面曾提到,可以采用检波—放大式电压表或外差式电压表等来测量。常用的是前一种,其可将被测交流信号首先通过探极进行检波(整流)变成直流电压,这样做的目的是减少高频信号在传输过程中的损失,实现这种测量多用"峰值表"。

4.1.4.1　峰值表原理

这里所说的峰值,是指任意波形的周期性交流电压,在一个周期内(或指所观察的时间内)其电压所能达到的最大值,用 V_p 表示。当然对于正弦波电压而言,峰值即其幅值 V_m。

峰值表的检波电路如图 4.3 所示。

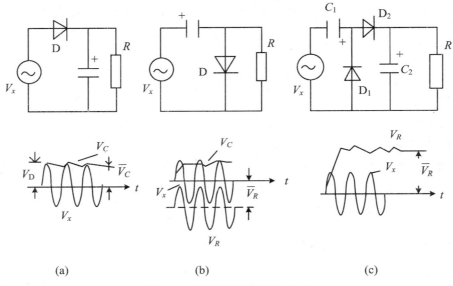

(a)　　　　　　　　　(b)　　　　　　　　　(c)

图 4.3　常见峰值表的检波电路

图 4.3(a)为串联式,类似半波整流滤波电路,其输出电压平均值 $\overline{V}_R$ 近似等于输入电压 V_x 的峰值。要求

$$RC \gg T_{max}, \qquad R_\Sigma C \ll T_{min} \tag{4.12}$$

式中,T_{max} 和 T_{min} 分别是被测交流电压的最大周期和最小周期,R_Σ 是信号源内阻与二极管正向内阻之和。这样可以做到电容 C 充电时间短、放电时间长,从而保持电容 C 两端的电压始终接近于输入电压的峰值,即 $\overline{V}_R = \overline{V}_C \approx V_p$。

图 4.3(b)是并联式,也是建立在 RC 充放电的基础上,同样需要满足式(4.12)条件。V_x 正半周通过二极管 D 给电容 C 迅速充电,而负半周 C 两端电压缓慢向 R 放电[见图 4.3(b)中 V_x 波形],即 $|\overline{V}_R| = |\overline{V}_C| \approx V_p$。

比较上述两种电路,并联式检波电路中的电容 C 还起到隔开直流的作用,便于测量含有直流分量的交流电压,因此应用较多。但 R 上除直流电压外,还叠加有交流电压,增加了额外的交流通路。

图 4.3(c)是倍压式电路,其优点是输出电压较高,也常被采用。

4.1.4.2　波形换算方法

一般的峰值表与均值表类似,也是按正弦波有效值进行刻度,在额定频率下度盘上的指示值

$$V_\alpha = K_\alpha V_p \tag{4.13}$$

式中,K_α 是定度系数。当被测电压为正弦波时:

$$K_\alpha = \frac{V_{rms}}{V_m} = \frac{1}{\sqrt{2}} \tag{4.14}$$

式中,V_m 及 V_{rms} 分别表示正弦波的幅值及有效值。由已学知识可知:

$$波峰系数(K_p) = \frac{峰值}{有效值} \tag{4.15}$$

正弦波的波峰系数为

$$\frac{V_m}{V_{rms}} = \sqrt{2}$$

即定度系数的倒数。常见非正弦波的 K_p 值是:方波 $K_p = 1$,三角波 $K_p = \sqrt{3}$,半波整流 $K_p = 2$。

与均值表同理,当用峰值表测量非正弦波电压时,其指示值没有直接意义。只有将指示值除以定度系数 K_α 以后,得出等于正弦波情况时的峰值,按"峰值相等,指示值也相等"的原则,再用波峰系数换算成被测电压 V_x 的有效值。即首先将指示值折算成正弦波峰值

$$V_p = \sqrt{2} V_\alpha$$

再算出 V_x 的有效值

$$V_{x \cdot rms} = \frac{1}{K_p} V_p$$

或者

$$V_{x \cdot rms} = \frac{\sqrt{2}}{K_p} V_\alpha \tag{4.16}$$

4.1.5　脉冲电压的测量

脉冲电压,一般指脉冲的幅值。可以用上述峰值电压表来测量。当脉冲周期 T 与脉冲宽度 t_w 之比(即占空比)较大时,会存在一定的测量误差。可以采用具有脉冲电压保持电路的脉冲电压表来测量。用宽频带示波器实现脉冲电压测量也是很方便的,而且可以显示出被测电压的瞬时幅度以及脉冲波形的各部分电压值。

4.1.5.1 脉冲电压表的原理

以矩形波脉冲电压 V_i 为例,其占空比可达 10^4 以上。当用图 4.4(a)串联式峰值表测量时,检波器的输出电压 V_C 波形如图 4.4(b)所示,电容器上电压的平均值 $\overline{V}_C$ 小于被测脉冲电压幅值 V_p。

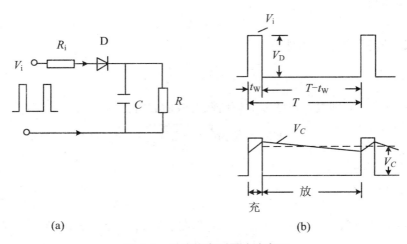

图 4.4 用峰值表测量脉冲电压

设电容器 C 充电时的电荷

$$Q_1 = \int_0^{t_W} i_1 \mathrm{d}t \approx \frac{V_p - \overline{V}_C}{R_\Sigma} t_W$$

式中,R_Σ 是被测信号电路及检波二极管的等效电阻。电容器 C 放电时的电荷

$$Q_2 = \int_{t_W}^T i_2 \mathrm{d}t \approx \frac{\overline{V}_C}{R + R_i}(T - t_W) \approx \frac{\overline{V}_C}{R + R_i} T$$

当电路平衡时 $Q_1 = Q_2$,则

$$V_p = \overline{V}_C \left(1 + \frac{R_\Sigma}{R + R_i} \cdot \frac{T}{t_W} \right) \tag{4.17}$$

由于峰值检波电路难以满足 $RC \gg T_{max}$ 和 $R_\Sigma C \ll T_{min}$ 的条件而引起的理论误差

$$\gamma_T = \frac{\Delta V}{V} = \frac{\overline{V}_C - V_p}{\overline{V}_C} = 1 - \frac{V_p}{\overline{V}_C}$$

将式(4.17)代入后得

$$\gamma_T \approx -\frac{R_\Sigma T}{R \cdot t_W} \tag{4.18}$$

式中,因为一般 $R \gg R_i$,故取 $R + R_i \approx R$。

从测量仪器方面可以采取下列改进措施:将电压表中峰值检波器的负载电阻 R 尽量取大一些(例如,取 1 000 MΩ 以上),或用源极(或射极)输出器代替电阻 R,

这可以利用脉冲电压保持电路来实现。其原理电路见图 4.5(a)，图中 T_1 管是射极输出电路，可以减小仪表对信号源的影响。被测脉冲信号经 D_1 对 C_2 充电；T_2，T_3 源极电位跟随 C_2 上电压的变化，经 D_2 对 C_3 充电。C_3 可以比 C_2 大一些，C_3 上电压在整个脉冲周期内维持约等于被测脉冲电压的幅值 V_p，如图 4.5(b) 中波形 V_{C_3} 所示，由 T_3 源极输出至直流放大器等电路，驱动直流微安表指针偏转，从而实现脉冲电压的测量。

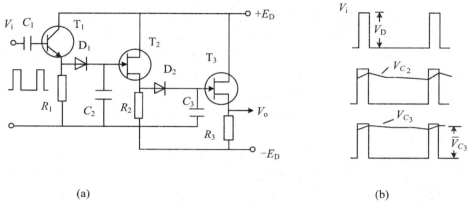

(a)　　　　　　　　　　　　　　　　　　　　(b)

图 4.5　脉冲保持电路及波形

4.2　频率的测量

波形的显示与测量是电子测量中十分重要的内容，属于对电信号的时域测量，即把被测信号的幅度同所对应的时间关系显示出来。各种类型的电子示波器，对于电信号波形的显示与测量都是极其有效的。若借助于各种转换器，则可以进而显示诸如温度、压力、加速度以及生物信号等变化过程。因此示波器是一种直接观察和显示被测信号的综合性电子测量仪器。有关示波器工作原理请参阅其他参考文献，此处不再赘述。

要提高测量频率的准确度，必须有正确的测量方法，频率的测量方法可分为 3 类（表 4.1）：直读法、比较法、计数法。

表 4.1　频率测量方法

直读法		比较法			计数法	
电桥法	谐振法	拍频法	差频法	示波法	电容充放电式	电子计数式
				李沙育图形法；测周期法		

直读法中有电桥法和谐振法，前者调节不便，误差较大，已少采用。后者用 LC

谐振回路,当调节电容使其谐振频率与被测信号频率相同时,回路电流最大,此时通过电表指示其频率值。这种方法多用于高频频段的测量。

比较法是将被测频率与已知频率相比较,通过观察比较结果,获得被测信号的频率值。比较法中有拍频法、差频法与示波法:拍频法是将标准频率与被测频率叠加,通过指示器(耳机、电压表或示波器)来判别。这种方法适用于音频测量,但标准频率必须稳定,现已少用。差频法是把标准信号与被测信号进行混合,得一差频信号,通过放大后由仪表指示。外差频式频率表是其代表,适用于几十兆赫兹以及更高频率的测量。示波法有两种,李沙育图形法和测周期法:前者是将被测频率信号与已知信号分别接至示波器 Y 轴和 X 轴输入端(不用扫描),当两者频率相等时,显示一条斜线(或椭圆或圆,与两信号的相位差有关),或利用不同频率的比显示的图形来计算被测信号的频率,此方法受示波器 X 通道频响的限制,当频率比较高时难以稳定,只适用于低频测量,由于调节不便,已很少使用;后者是用宽频带示波器通过测量周期的方法获得被测信号的频率值,虽然误差较大,但在要求不高的场合使用是比较方便的。

计数法有电容充放电式及电子计数式两种:前者是利用电子电路控制电容器充放电的次数,再用磁电式仪表测量充电(或放电)电流的大小,从而指示出被测信号的频率值。这是一种直读式仪表,误差较大,只适用于低频率的测量。后者是用电子计数器显示单位时间内通过被测信号的周期个数来实现频率测量,这是目前最好的方法,所以本书主要介绍这一种。

4.2.1　电子计数式频率计的原理

我们知道,频率是每秒内信号变化的次数。要准确地测量频率必须首先确定一个准确的时间间隔。一般选用频率稳定度良好的石英晶体谐振器来确定时间基准,它在短时间内的稳定度可以达到 10^{-9} 量级。设石英晶体振荡器产生的脉冲周期为 T_0,经过一系列分频可以得到几种标准的时间基准,例如:10 ms,0.1 ms,1 s,10 s 等几种,如图 4.6 所示。图中 $T = N_0 T_0$,N_0 是在时间基准 T 内含有晶振本身振荡周期的整数倍数。只要分频次数准确,N_0 就是确切的数,则时间基准 T 就是一个稳定的数值。

图 4.7 所示的是计数式频率计测频的框图。由晶振经分频及门控电路得到具有固定宽度 T 的方波脉冲作门控信号,时间基准一般称为闸门时间,控制主门(与门)的一个输入端。被测信号经放大整形后变成序列窄脉冲送至主门另一输入端。开始测频时,先将计数器置零,待门控信号到来后,主门开启,放信号脉冲,计数器开始计数,直到门控信号结束,主门关闭,停止计数。若取闸门时间 T 内通过主门的信号脉冲个数为 N,则被测信号的频率

$$f_x = \frac{N}{T}$$

(4.19)

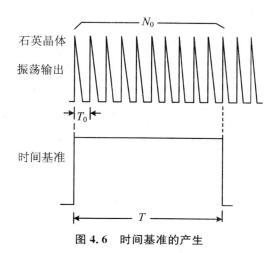

图 4.6　时间基准的产生

可见,利用电子计数器测频是按照频率的定义来进行的。若在 $T=1\,\text{s}$ 内,信号重复出现的次数为 N,则 $f_x=N\,\text{Hz}$。若取 $T=0.1\,\text{s}$ 内,重复出现的次数仍为 N 时,则 $f_x=\dfrac{N}{0.1}=10N\,(\text{Hz})$。

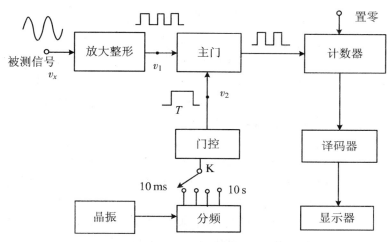

图 4.7　计数式频率计测量框图

闸门时间是可以改变的。例如,一台可显示 8 位数的计数式频率计,取单位为 kHz。设 $f_x=10\,\text{MHz}$,当选择闸门时间 $T=1\,\text{s}$ 时,仪器显示值为 10 000.000 kHz;选 $T=0.1\,\text{s}$ 时,显示值为 010 000.00 kHz;选 $T=10\,\text{ms}$ 时,显示值为 0 010 000.0 kHz。可见,选择 T 越大,数据的有效位数越多,测量准确度越高。

图 4.7 中各处信号的时间关系如图 4.8 所示。图中整形输出的脉冲信号 v_1 对应被测信号 v_i 由负半周至正半周的过零点,每个周期产生一个脉冲。计数脉冲是

通过闸门时间 T 内的信号脉冲。

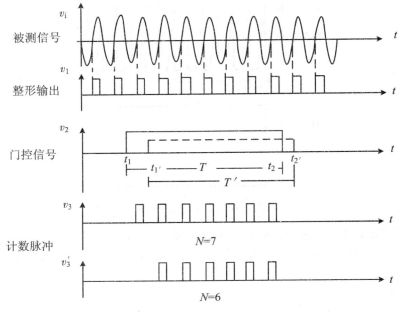

图 4.8　测频时波形图

　　由于被测信号与门控信号之间没有同步锁定关系,门控信号 v_2 何时到来是随机的。由图 4.8 可知,当 v_2 在 t_1 时刻到来时,在 T 时间内计数脉冲(v_s)是 7 个,而 v_2 在 t_1' 时刻到来时,虽然 $T'=T$,但只放过 6 个脉冲。可见在固定闸门时间内可能多(或少)放过一个脉冲信号,在显示器的末位将产生"±1"的附加误差。许多数字式仪表都有这个现象,称它为**量化误差**。它与被测信号频率的高低无关,从显示数字来看它是一个固定的绝对误差,但是这个数字所代表的量值是不同的。上例中,当取 $T=1\ \text{s}$ 时,由"±1"引起的误差是 1 Hz;而当 $T=0.1\ \text{s}$ 时,误差是 10 Hz;当 $T=10\ \text{ms}$ 时,误差是 100 Hz。这一现象在被测信号频率较低时,尤为严重。例如,$f_x=10\ \text{Hz}$,当取 $T=1\ \text{s}$ 时,显示器上可能显示 9 或 11,这样大的误差显然是不许可的。所以,在使用计数式频率计时,应将闸门时间尽量取大一些,以减少量化误差的影响。但是它也有限度。上例中 $f_x=10\ \text{MHz}$,若取 $T=10\ \text{s}$,则显示值为 0 000.000 0 kHz(全 0),把最高位丢了。所以,选择闸门时间的原则是:不使计数器产生溢出现象,又使测量的准确度最高。

　　计数式频率计的测量准确度主要取决于仪器本身闸门时间的准确度和稳定度。用优质的石英晶体振荡器可以满足一般电子测量要求。当被测信号的频率较低时,应当采取测周期的方法。

4.2.2　脉冲累计的测量

脉冲累计是指在一段较长的时间内,用计数器累计信号变化的次数。这是具有统计性质的测量。

很显然,它与测频的原理是相同的,只是需要主门开放较长时间,门控电路的输入端改用人工进行控制,如图4.9所示。当揿动按钮 AN_1(起)时,门控电路使主门开放,被测信号经放大整形后通过主门进入计数器;待揿动 AN_2(停)时,门控电路返回原来状态,使主门关闭。在起、停时间内被测信号变化的次数通过计数器显示出来。

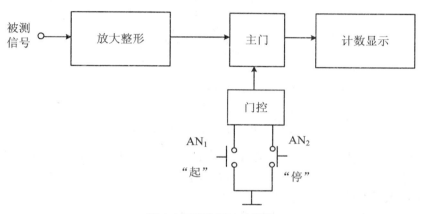

图 4.9　脉冲累计的测量

4.2.3　用计数式频率计测量频率比

频率比的测量指测量两个被测信号频率之比。在调试数字电路(例如计数器、分频器、倍频器等)的时候往往需要测量输入信号和输出信号之间频率的相对关系。设其中一个信号的频率为 f_A,另一个为 f_B。

测量 f_A/f_B 的方法与测频原理基本相同,图4.10所示是测 f_A/f_B 的框图。将频率较高的信号 v_A 接入 A 端,经放大整形后作计时脉冲,其周期为 T_A;频率较低的信号 v_B 接入 B 端,周期为 T_B,用 T_B 代替测频时的门控信号控制主门的开放时间。若在 T_B 时间内通过主门 v_A 的频率为 f_A,其脉冲个数为 N,则两信号频率的比值

$$\frac{f_A}{f_B} = \frac{T_B}{T_A} = N \qquad (4.20)$$

为了提高测量的准确度,可将频率为 f_B 信号的周期扩大,通过若干级十分频电路(即图4.10中的"周期倍乘"),产生 $10\ T_B$,$100\ T_B$,$1\ 000\ T_B$ 等门控信号,使主

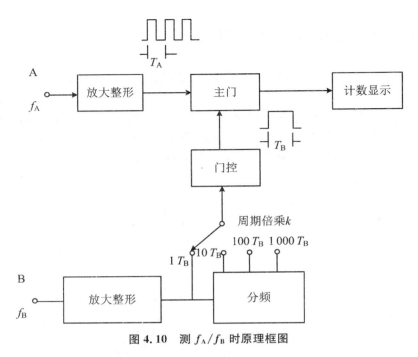

图 4.10　测 f_A/f_B 时原理框图

门开放时间增加 10，100，1 000 倍，计数电路所接收的脉冲个数也增加同样倍数。再通过仪器内部电路随之自动移动小数点的位置，使显示的频率（比）值不变，从而增加小数点后面的有效位数，以减小量化误差。周期倍乘数可根据测量准确度要求通过开关 K 进行选择，倍乘数取得愈高，测量准确度愈高。

4.3　时间的测量

　　时间的测量在科学技术各个领域中无疑是十分重要的。这里仅就电子技术应用中经常遇到的周期、上升时间、时间间隔的测量方法作一介绍。

4.3.1　周期的测量

　　周期是个时间量，用示波法来测量，非常直观。与用示波法测量电压的原理相同，只不过测时间要着眼于 X 轴系统，有内扫描法、时标法和字符显示法等。这里只介绍内扫描法（仍以 SBM-10A 型示波器为例）。

　　测量前需对示波器的扫描速度进行校准。在未接入被测信号时，先将扫描微调置于校正位，用仪器本身的校正信号对扫描速度进行校准。

　　接入被测信号，将图形移至屏幕中心，调节 Y 轴灵敏度及 X 轴扫描速度，将波形的高度和宽度调至合适，如图 4.11 所示。正弦波情况可取两个峰顶或两个方向相同的过零点,脉冲波可取两个变化相同的突变点。读出该两点之间的距离 x,由扫描速度 $u(\mathrm{s/cm})$ 标称值及扩展倍率 k,即可算出被测信号的周期

$$T = \frac{x(\mathrm{cm}) \times u(\mathrm{s/cm})}{k} \qquad (4.21)$$

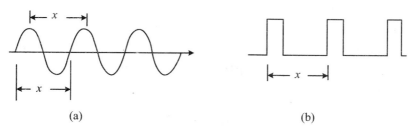

图 4.11　用示波法测量周期

由于示波器的分辨力较低,所以测量误差较大。为此可用"多周期法"提高准确度,见图 4.12。设 N 为周期个数,这时被测信号的周期

$$T = \frac{x \times u}{k \times N} \qquad (4.22)$$

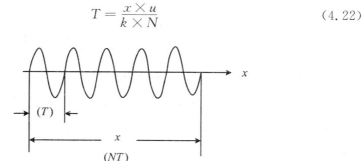

图 4.12　多周期法

用示波器内扫描法测量时间的误差主要来自示波器扫描速度的误差及读数误差,一般为 $\pm 5\%$,这种方法简便直观,在满足测量准确度要求的情况下是经常采用的。同理,用这种多周期法测量频率也是一种好方法,尤其测量较低的频率,有时比计数式频率计还要好一些(因示波器没有"± 1 误差")。

这时,被测信号频率如下所示:

$$f = \frac{N}{\dfrac{x \times u}{k}} \qquad (4.23)$$

当然,在准确度要求不高时,只取一个周期,再求倒数,得出被测信号的频率值,更为方便。

周期是信号变化一次所需要的时间,因此测量周期时,也可用被测交变信号作为门控电路的触发信号去控制主门的开闭。取信号一个周期,在此时间内填充由晶体振荡器产生的时钟脉冲,通过计数器显示即可测出信号的周期。

4.3.2　脉冲沿时间及脉冲宽度的测量

脉冲沿包括前沿和后沿,这里以测正脉冲的前沿的上升时间 t_r 及脉冲宽度 t_w 为例介绍示波器测量方法。

与测量周期的方法类似,首先对示波器扫描速度进行扫描;将波形移至屏幕中心,调节 Y 轴灵敏度使脉冲幅度顶满荧光屏刻度的上下格,再调节扫描速度使前沿占有 2～3 cm。利用刻度上下两个半厘米格使脉冲沿恰好交在 $0.1\,V_m$ 和 $0.9\,V_m$ 两条线上,见图 4.13。

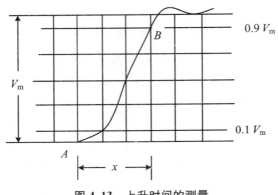

图 4.13　上升时间的测量

由图 4.13 中 A 点和 B 点之间读出横轴距离 x,与测量周期的方法相同,根据上升时间定义可以算出

$$t_r = \frac{x \times u}{k} \tag{4.24}$$

应该特别指出的是:测量脉冲沿时间时必须注意示波器本身固有上升时间 t_{r0} 的影响,因为示波器存在输入电容,使屏幕上显示的上升时间比信号的实际上升时间要大一些。克服的办法是:

① 选择上升时间 t_{r0} 小的示波器。一般地说,选 t_{r0} 为被测信号 t_r 的五分之一或更小。例如,使用 SBM-10A 型示波器测量以上的信号是合适的。

② 不能满足上述要求或需要修正时,可用下式计算:

$$t_r = \sqrt{t_{rx}^2 - t_{r0}^2} \tag{4.25}$$

式中, t_{rx} 是从显示屏上读出的上升时间。

有些示波器没有给出 t_{r0} 数据或不便于查阅说明书时,可用仪器的频带宽度上限值 f_h 计算,即

$$t_{r0} \approx \frac{0.35}{f_h(\mathrm{MHz})}(\mu s) \tag{4.26}$$

脉冲宽度,是指脉冲前后沿与 $0.5\,V_m$ 线两个交点之间的时间,见图 4.14,这时

要将一个完整的脉冲波形先显示出来,读出 C,D 两点之间的距离 x,即可算出脉冲宽度。

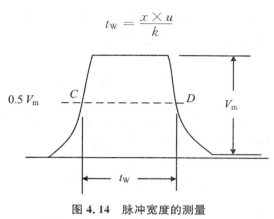

$$t_{\mathrm{W}} = \frac{x \times u}{k}$$

图 4.14　脉冲宽度的测量

4.3.3　脉冲时间间隔的测量

这里指两个脉冲之间的时间间隔,可用单踪示波法和双踪示波法测量。

单踪示波法是利用外触发工作方式。分两步进行:第一步,使触发选择置"外"位,将可能领先的一个脉冲信号 v_1 接至触发输入端,同时把此信号接 y 输入端,见图 4.15(a),将开关 K 置 1 位,显示出 v_1 波形,并记下 t_1 时刻在屏幕上的位置,见图 4.15(b)。

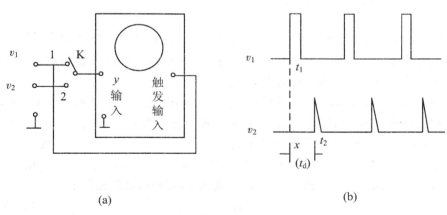

(a)　　　　　　　　　　　　　　　　　(b)

图 4.15　用单踪示波法测量时间间隔

第二步,将 K 置 2 位,使 v_2 接 y 输入端,但信号仍接触发输入端,在观察 v_2 波形时,示波器的扫描仍受 v_1 触发。再记下 v_2 波形的 t_2 时刻,则所测时间间隔

$$t_{\mathrm{d}} = t_2 - t_1 = \frac{x \times u}{k}$$

这两个步骤的实质是被测的两个脉冲信号均用一个信号触发扫描,所以能把两个时刻区别开来。

用双踪示波器测量两个脉冲的时间间隔是很方便的。因为双踪示波器有两个 y 通道,共用一套扫描,恰好符合这种测量要求。

将两个信号分别接入两个 y 通道的输入端(例如,用 SR-8 型示波器,由 B 通道触发扫描,将领先的信号接入 y_B 端),显示波形后,通过扫描速度即可算出两个脉冲的时间间隔。

需要注意的是,如果脉冲很窄,宜用交替状态,而不要用断续状态;如果脉冲较宽且频率很低,宜用断续状态,而不要用交替状态。

4.4 相位的测量

相位的测量,通常是指两个同频率的信号之间相位差的测量,在电子计数中主要是测量 RC、LC 网络、放大器相频特征以及依靠信号相位传递信息的电子设备。

频率相同的两个正弦信号电压 $v_1 = V_{m1} \sin(\omega t + \varphi_1)$、$v_2 = V_{m2} \sin(\omega t + \varphi_2)$,其相位差 $\Delta\varphi = \varphi_1 - \varphi_2$,若 $\Delta\varphi > 0$,则 v_1 超前 v_2;$\Delta\varphi < 0$,则 v_1 滞后 v_2。

对于脉冲信号,常说同相或反相,而不用相位来描述,通常用时间关系来说明。

测量相位的方法有很多,其中示波法简便易行,但准确度较低;数字式相位计可以直接显示被测相位数值,准确度较高。

4.4.1 单踪示波法

用一台宽频带示波器,将其工作在触发扫描状态,触发选择置外接位置,将相位领先的信号(设 v_1)接至触发输入端。与测脉冲时间间隔的方法类似,通过两个信号在屏幕上位置的不同换算出相位差。

如图 4.16(a)所示接线:首先将 K 置 1 位,v_1 接 y 输入端,显示 v_1 波形,利用扫描速度的粗调和细调(这时的扫描"微调"不必固定在校正位),使波形的一个周期(图中 A、C 两点之间)在 x 方向的距离为 $x_T = 6$ cm(即每厘米对应 $60°$,便于换算)。这时记下 A 点的位置。其次将 K 置 2 位,使 v_2 接 y 输入端(但仍接触发输入端),记下波形 B 点的位置。测出 A,B 之间的距离 x,则两信号的相位是

$$\varphi = x(\text{cm}) \times 60°/\text{cm} \tag{4.27}$$

在上述过程中,示波器的扫描速度、触发电平、x 位移、y 位移等控制旋钮不应变动。

如果不先使一个周期定标为 6 cm,而为任意值时,其相位差为

$$\Delta\varphi = \frac{x(\text{cm})}{x_T(\text{cm})} \times 360° \tag{4.28}$$

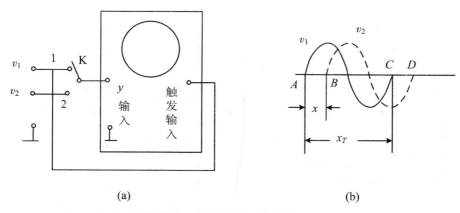

(a)　　　　　　　　　　　　　　　　(b)

图 4.16　用单踪示波法测量相位差

在相位差较小时,应仔细测读 x 值,否则误差较大。

用与上述同样的方法可以测出三相交流电的相序。将电源中线(或人为中点)接至示波器地端,把 3 条火线的任意一条线作为假想 A 相接至触发输入端(仍用外触发方式),见图 4.17(a)。然后将 3 条火线分别接至 y 输入端,这样用假想的 A相触发扫描来观察各相电压的波形,见图 4.17(b)。图 4.17(c)是开关 K 置 1 位时(即假想 A 相接入)的波形,图 4.17(d)的过零点②滞后图 4.17(c)中①点 120°,所以是 B 相;图 4.17(e)的过零点又滞后图 4.17(d)120°,所以是 C 相。因为对于用电者来说哪条线是发电厂的 A 相并不重要,关键是要知道相位的顺序。所以上述方法是有实用意义的。

4.4.2　双踪示波法

因为双踪示波器能够"同时"显示两个信号的波形,测读更方便。

显示的图形见图 4.18,两个信号的波形是"同时"映现在屏幕上的。计算方法与式(4.28)相同,也可以用下式计算:

$$\varphi = 2\arctan\sqrt{\left(\frac{A}{h}\right)^2 - 1} \qquad (4.29)$$

式中,A 是零电平至波峰 M 点之间的距离,可以测波峰波谷之间的距离除以 2 得到;h 是零电平线至两信号交点 Q 之间的距离;A 与 h 取相同单位。

用示波法测量相位的误差,主要来自示波器扫描的非线性、示波管的分辨率以及测读距离时的视觉误差。当用双踪示波法时,误差还与每个 y 通道的相频特性的对称性有关。测量误差为 $\pm 5\%$,测量较小的相位差时误差较大。

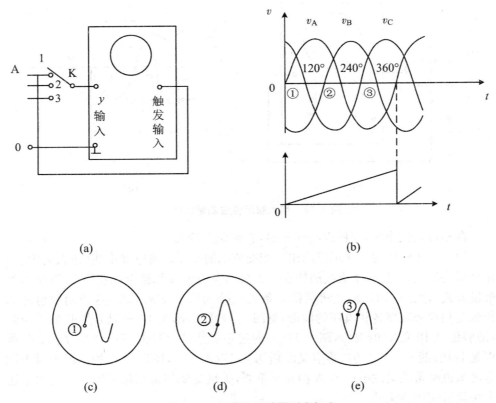

(a)

(b)

(c)　　　　　　(d)　　　　　　(e)

图 4.17　用单踪示波器测定相序

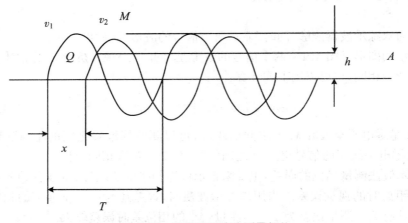

图 4.18　用双踪示波法测量相位

第 2 篇　基础实验

第 5 章　模拟电子电路实验

第 6 章　数字电子电路实验

第 5 章　模拟电子电路实验

实验 5.1　单极共射放大电路

1. 实验目的

① 掌握三极管(BJT)单极共射放大电路静态工作点的测量和调整方法。

② 了解电路参数变化对静态工作点的影响。

③ 掌握 BJT 单极共射放大电路主要性能(A_v,R_i,R_o)的测量方法。

④ 学习通频带的测量方法。

2. 实验仪器

① 示波器。

② 函数信号发生器。

③ 数字万用表。

④ 数字毫伏表。

⑤ 模拟电路实验平台。

3. 实验原理与参考电路

（1）参考电路

实验参考电路如图 5.1 所示。该电路采用自动稳定静态工作点的分压式射极偏置电路,其温度稳定性好。三极管选用国产高频小功率三极管 3DG6,或国外型号 9013,电位器 R_p 为调整静态工作点而设。

（2）静态工作点的估算与调整

静态工作点是指输入交流信号为零时三极管的基级电流 I_{BQ}、集电极电流 I_{CQ} 和管压降 V_{CEQ}。

在三极管放大电路的图解分析中已经介绍,为了获得最大不失真的输出电压,静态工作点应选在输出特性曲线上,交流负载线的中

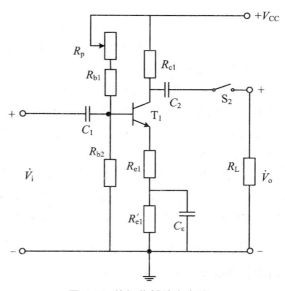

图 5.1　单级共射放大电路

点。若工作点选择的太高,易引起饱和失真;而选得太低,又引起截止失真,对于线性放大电路,这两种工作点都不合适的,必须对其进行调整。

电路的直流通路如图 5.2 所示,其内阻 R_B 为

$$R_B = R_{b1} \mathbin{/\mkern-5mu/} R_{b2}$$

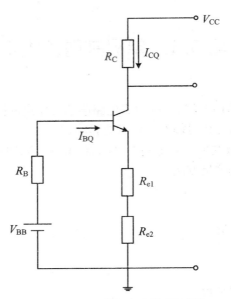

图 5.2　图 5.1 所示电路的直流通路

则

$$I_{CQ} = \beta I_{BQ}$$
$$V_{CEQ} \approx V_{CC} - (R_c + R_{e1} + R_{e2}) I_{CQ}$$

由以上表达式可见,静态工作点与电路参数 V_{CC}, R_C, R_{e1}, R_{e2}, R_{b1}, R_{b2} 及三极管的 β 都有关。当电路参数确定之后,工作点的调整一般是通过调节电位器 R_p 来实现的。R_p 调小,工作点高;R_p 调大,工作点降低。当然,如果输入信号过大,使三极管工作在非线性区,那么即使静态工作点选在交流负载线的中点,输出电压波形仍可能出现双向失真。

在实验中,如果测得 $V_{CEQ} = 0.5$ V,说明三极管已饱和;如测得 $V_{CEQ} \approx V_{CC}$,则说明三极管已截止。但测量电流 I_{CQ} 时要注意,如果直接测电流,需断开集电极回路,操作麻烦,所以常采用测量电压来换算电流的方法,即先测出发射极对地电压 V_e,再利用公式 $I_{CQ} \approx I_{EQ} = \dfrac{V_e}{R_e}$,则算出 I_{CQ}。此法虽简便,但测量精度不高,需选用内阻较高的电压表。

（3）放大电路电压增益的测量

放大电路电压增益 A_v 是指输出电压与输入电压的有效值之比,即

$$A_v = \frac{V_o}{V_i}$$

实验中,在用示波器监视放大电路输出电压的波形不失真时,用万用表分别测量输入、输出电压,然后按上式计算电压增益。

电路放大电路的电压增益为 A_v:

$$A_v = \frac{\dot{V_o}}{\dot{V_i}} = -\frac{\beta(R_c /\!/ R_L)}{r_{eb} + (1+\beta)R_{e1}}$$

当选定三极管和负载电阻(R_c,R_L)后,A_v 主要取决于静态工作点 I_{CQ}。

(4)输入电阻的测量

输入电阻 R_i 的大小表示放大电路从信号源或前级放大获取电流的多少。输入电阻越大,索取前级电流越小,对前级的影响就越小。电路所示参数,放大电路的输入电阻 R_i 和三极管输入电压 V_{be} 分别为

$$R_i = R_{b1} /\!/ R_{b2} /\!/ \left[r_{be} + (1+\beta)R_{e1} \right]$$

$$V_{be} = 300 + (1+\beta)\frac{26(\text{mV})}{I_{CQ}(\text{mA})}$$

可见,I_{CQ} 增加,V_{be} 减小,R_i 下降。

输入电阻的测量原理如图 5.3 所示。在信号源与放大电路之间串入一个已知阻值的电阻 R,用万用表分别测出 R 两端的电压 V_s' 和 V_i,则输入电阻为

$$R_i = \frac{V_i}{I_i} = \frac{V_i}{\dfrac{V_s' - V_i}{R}}$$

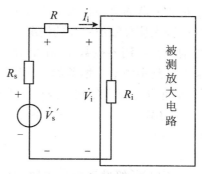

图 5.3　测试输入电阻原理图

电阻 R 的值不宜取得过大,过大易引入干扰;但也不宜取得太小,太小易引起较大的测量误差。当 $R = R_i$ 时,测量误差最小。

(5)输出电阻的测量

输出电阻 R_o 的大小表示电路带负载能力的大小。输出电阻越小,带负载能力越强。

该电路的输出电阻近似等于集电极电阻 R_c，几乎与 I_{CQ} 无关，即 $R_o \approx R_c$。

输出电阻的测量原理电路如图 5.4 所示。用万用表分别测量放大器的开路电压 V_o 和负载电阻上的电压 V_{oL}，则输出电阻 R_o 可通过计算求得。

由图 5.4 可知

$$V_{oL} = \frac{V_o}{R_o + R_L} \cdot R_L$$

所以

$$R_o = \frac{V_o - V_{oL}}{V_{oL}} \cdot R_L$$

同样，从减小测量误差角度出发，当 $R_L = R_o$ 时，测量误差最小。

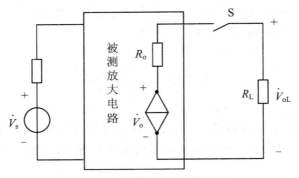

图 5.4　测试输出电阻原理图

（6）幅频特性的测量

放大器的幅频特性是指放大器的增益与输入信号频率之间的关系曲线。一般用逐点法进行测量。在保持输入信号幅值不变的情况下，改变输入信号的频率，逐点测量不同频率点的电压增益。利用各点数据，在单对数坐标纸上描绘出幅频特性曲线。通常将电压增益下降到中频电压增益的 $0.707(-3 \text{ dB})$ 时所对应的频率称为该放大电路上限、下限截止频率，用 f_H 和 f_L 表示，则该放大电路的通频带为

$$BW = f_H - f_L \approx f_H$$

4. 实验过程及步骤

（1）组装电路

按图 5.1 所示，在面板上组装单级共射放大电路，经检查无误后，接通预先调整好的直流电源（+12 V）。

（2）观察波形

用示波器同时观察 V_i 和 V_o 电压的波形，比较它们的幅值和相位。

① 从信号发生器输出 $f = 1 \text{ kHz}$，$V_{ip\text{-}p} = 100 \text{ mV}$ 的正弦电压接到放大电路的输入端，同时接双踪示波器的 CH_1 通道，将放大电路的输出电压接 CH_2 通道，调整电位器 R_p，使示波器上显示的输出电压波形达到最大不失真，在显示屏上观察

它们的幅值大小和相位。

② 测试电路的电压增压 A_v，在示波器上直接测量输出电压 $V_{op\text{-}p}$，计算电压增益

$$A_v = \frac{V_{op\text{-}p}}{V_{ip\text{-}p}}$$

（3）测量电路在线性放大状态时的静态工作点

关闭信号发生器，即 $V_i = 0$，用万用表测量此时的静态工作点，填入表 5.1 中。

表 5.1　静态工作点

$V_e(V)$	$I_{CQ} \approx \dfrac{V_e}{R_e}$ (mA)	$V_{CEQ}(V)$	$V_{BE}(V)$

（4）了解由于静态工作点设置不当，给放大电路带来的非线性失真现象

调节电位器 R_p，分别使其阻值为最小或最大时，观察输出波形的失真情况，分别测量出相应的静态工作点，测量方法同实验过程（3），将结果填入表 5.2 中。

表 5.2　非线性失真时的静态工作点

工作状态	输出波形	静态工作点		
		I_{CQ}(mA)	V_{CEQ}(V)	V_{BE}(V)
R_p 最小				
R_p 最大				

（5）测量单级共射放大电路的通频带

① 当输入信号 $f = 1$ kHz，输入电压峰-峰值为 100 mV，$R_L = 5.1$ kΩ 时，在示波器上测出放大器中频区的输出电压峰-峰值（或计算出电压增益）。

② 增加输入信号的频率（保持输入电压峰-峰值为 100 mV 不变），在一定的范围内，输出电压不变；继续增加输入信号的频率，增加到一定频率时，输出电压开始下降，当其下降到中频区输出电压的 0.707 倍（−3 dB）时，信号发生器所指示的频率即为放大电路的上限截止频率 f_H。

③ 同理，降低输入信号的频率（保持 $V_{ip\text{-}p} = 100$ mV 不变），在一定的频率范围内，输出电压不变；继续降低输入信号的频率，降低到一定频率时，输出电压开始下降，当其下降到中频区输出电压的 0.707 倍（−3 dB）时，信号发生器所指示的频率即为放大电路的下限截止频率 f_L。

④ 通频带 $BW = f_H - f_L$。

（6）输入电阻 R_i 的测量

按图 5.3 所示连接电路。取 $R = 1$ kΩ，用万用表分别测出 V_s' 和 V_i，则

$$R_i = \frac{V_i}{V_s' - V_i} R$$

此外,还可以采用"半压法"来测 R_i,即用一个可变电阻箱来代替 R,调节电阻箱的数值,使 $V_i = \frac{1}{2} V_s'$,则此时电阻箱所示阻值即为 R_i 的阻值。

(7) 输出电阻 R_o 的测量

按图 5.4 所示连接电路。取 $R_L = 5.1\,\text{k}\Omega$,用万用表分别测出 $R_L = \infty$ 时的开路电压 V_o 及 $R_L = 5.1\,\text{k}\Omega$ 时的输出电压 V_{oL},则

$$R_o = \frac{V_o - V_{oL}}{V_{oL}} R_L$$

5. 注意事项

① 组装电路时,不要弯曲三极管的 3 个电极,最好将它们垂直地插入面板孔中。

② 组装好电路后,先调整稳压电源,经检查无误,接入电路中,再打开电源开关。

③ 测试静态工作点时,应使 $V_i = 0$。

④ 本实验元器件较多,连接导线接点也较多,组装时应注意是否接触可靠,以免造成电路故障。

⑤ 由于信号发生器有内阻,而放大电路的输入电阻 R_i 不是无穷大,测量放大电路输入信号 V_i 时,应将放大电路与信号发生器连接上后再进行测量,避免造成误差。

6. 思考题

① 本实验中若出现失真波形,试判断它们各属于哪种类型的失真。

② 测量放大电路静态工作点时,如果测得 $V_{CEQ} < 0.5\,\text{V}$,说明三极管处于什么工作状态? 如果 $V_{CEQ} \approx V_{CC}$,三极管又处于什么工作状态?

③ 图 5.1 所示电路中,上偏置固定电阻起什么作用? 既然有了 R_p,不要该固定电阻是否可行? 为什么?

④ 负载电阻变化时,对放大电路静态工作点有无影响? 对电压增益有无影响?

实验 5.2 多级放大电路

1. 实验目的

① 了解多级放大电路的级间影响。

② 熟悉多级放大电路技术指标的测试方法。

③ 进一步学习和巩固通频带的测试方法以及用示波器测量电压波形的幅值与相位。

2. 实验仪器

① 双踪示波器。

② 数字万用表。

③ 信号发生器。

④ 数字毫伏表。

⑤ 模拟电子实验平台。

3. 实验原理及参考电路

（1）参考电路

实验参考电路如图 5.5 所示。该电路为共射—共集组态的阻容耦合两级放大电路。第一级是共射放大电路。第二级是共集放大电路。其静态工作点可通过电位器 R_p 来调整。两级均采用国产型号硅高频小功率 NPN 三极管 3DG6（或国外型号 9013）。

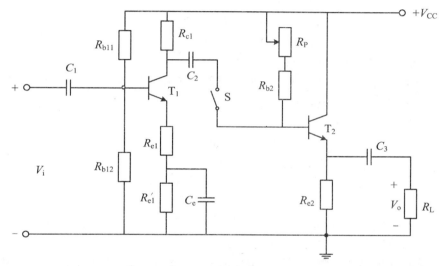

图 5.5　多级放大电路

由于级间耦合方式是阻容耦合，电容对直流电压有隔离作用，所以两级的静态工作点是彼此独立、互不影响的，实验时可一级一级地分别调整各级的最佳工作点。对于交流信号，各级之间有着密切联系：前级的输出电压是后级的输入信号，而后级的输入阻抗是前级的负载。第一级采用了共射电路，具有较高的电压增益，但输出电阻较大。第二级采用共集电路，虽然电压增益小（近似等于 1），但输入电阻大 $[R_{i2} \approx (R_{b2} + R_p) /\!/ \beta_2 R'_L]$，向第一级索取电流小，对第一级影响小；同时其输出电阻小，可弥补单级共射放大电路输出电阻大的缺点，使整个放大电路的带负载能力大大增强。

（2）静态工作点的设置与调整

由于第一级共射放大电路需具备较高的电压放大倍数，静态工作点可适当设置的高一些。在图 5.5 所示的电路参数中，上偏置电阻 R_{b11} 为待定电阻，若取 I_{CQ1} 为 1～1.3 mA，试计算 R_{b11} 的取值范围。第二级为共集放大电路，可通过调节电位

器 R_p 改变静态工作点,使其能达到输出电压波形最大不失真。分别设置好两级的静态工作点后,即可按实验 5.1 中的测试方法,分别测出两级的静态工作点。

（3）电压增益的测量

电压增益 A_v 是指总的输出电压与输入电压的有效值之比,即

$$A_v = \frac{V_o}{V_i}$$

为了了解多级放大电路的级与级之间的影响,还需分别测量出第一级的电压增益 A_{v1}、第二级的电压增益 A_{v2},则总的电压增益

$$A_v = A_{v1} \cdot A_{v2}$$

对图 5.5 所示电路参数,电压增益

$$A_{v2} \approx 1$$
$$A_v = A_{v1} \cdot A_{v2}$$

（4）输入、输出电阻的测量

该放大电路的输入电阻即第一级共射放大电路的输入电阻;输出电阻即第二级共集放大电路的输出电阻。

$$R_i = R_{i1}$$
$$= R_{b11} \; // \; R_{b12} \; // \; [r_{be1} + (1+\beta_1)R_{e1}]$$
$$R_o = R_{o2}$$
$$= R_{e2} \; // \; \frac{r_{be2} + [R_{e1} \; // \; (R_{b2} + R_p)]}{1 + \beta_2}$$

R_i 和 R_o 的测量方法同实验 5.1。

（5）幅频特性的测量

多级放大电路的通频带要比其中任何一级放大电路的通频带都窄,级数越多,则通频带越窄。

通频带的测量方法同实验 5.1 之逐点测量法。

4. 实验过程及步骤

（1）计算偏置电阻

按图 5.5 电路所示参数计算第一级上偏置电阻 R_{b11} 的阻值范围(设 $I_{CQ1} = 1 \sim 1.3\,mA$)并将其值标在电路图上。

（2）组装电路

在实验箱上连接共射—共集两级放大电路,接入事先调整好的电源 +12 V。

（3）测试静态工作点

合上开关 S,输入 $f = 1\,kHz$,$V_{ip\text{-}p} = 100\,mV$ 的正弦信号至放大器的输入端,用示波器观察输出电压的波形。调节电位器 R_p,使 V_o 达到最大不失真。如果发现输出电压有高频自激现象,可采用频率补偿技术。最简单的方法是窄带补偿(也称滞后补偿),即利用小电容(容量约为 200 pF)接在三极管的基极与集电极之间,由于

密勒效应起增大电容的作用,通常称为密勒补偿。窄带补偿技术的优点是简单,不足之处是减小了通频带。通过补偿,确认输出电压无自激,且达到最大不失真后,关闭信号源(使 $V_i=0$),用万用表分别测量第一级与第二级的静态工作点,将数据填入表 5.3 中。测量方法同实验 5.1。

表 5.3　静态工作点测量

	$I_{CQ}(mA)$	$V_{CEQ}(V)$	$V_{BE}(V)$
第一级			
第二级			

（4）计算电压增益

打开信号源,输入 $f=1\,kHz$,$V_{ip\text{-}p}=100\,mV$ 的正弦波,测试多级放大器总的电压增益 A_v 和分级电压增益 A_{v1},A_{v2},将数据填入表 5.4 中。

表 5.4　电压增益

$V_{o1p\text{-}p}$			$V_{o2p\text{-}p}(V_{op\text{-}p})$		$R_{L_1}=R_{L_2}$	$R_{L_1}=R_{i2}$ $R_L=5.1\,k\Omega$		R_o
断开 S		合上 S			$A_{v1}=\dfrac{V_{o1p\text{-}p}}{V_{ip\text{-}p}}$	$A_{v2}=\dfrac{V_{o2p\text{-}p}}{V_{o1p\text{-}p}}$	$A_v=\dfrac{V_{o2p\text{-}p}}{V_{ip\text{-}p}}$	
$R_{L_1}=\infty$	$R_{L_1}=5.1\,k\Omega$	$R_{L_1}=R_{i2}$	$R_L=\infty$	$R_L=5.1\,k\Omega$				

100 mV

（5）定性测绘 V_i,V_{o1},V_{o2} 的波形

选用 V_{o2} 作为外触发电压,送至示波器的外触发接线端。将双踪示波器的 CH_1 接输入 V_i 电压,而 CH_2 则分别接 V_{o1},V_{o2},用示波器分别观察并记录下它们的波形,并比较它们的相位关系。

（6）测试两级放大电路的通频带

两级放大电路的通频带比任何一级单级放大电路的通频带窄,测试方法同实验 5.1。

（7）测试多级放大电路的输出电阻 R_o。

测试方法同实验 5.1。

5. 注意事项

① 电路组装好,进行调试时如出现自激现象,一定要加密勒电容进行补偿。各项指标的测量必须在输出波形不失真的情况下进行。

② 如电路工作不正常,应先检查各级静态工作点是否合适,然后将交流输入信号一级一级地送到放大电路中去,逐级追踪,查找故障所在。

③ 用双踪示波器测绘多个波形时,为正确描绘它们之间的相位关系,示波器

应选择外触发工作方式,并以电压幅值较大、频率较低的电压作为外触发电压送至示波器的外触发输入端。

6. 思考题

① 测量放大器输出电阻时,如何利用公式来计算 R_o? 试问:如果负载电阻 R_L 改变,输出电阻 R_o 会变化吗? 应如何选择 R_L 的阻值,使测量误差较小?

② 在图 5.5 所示电路中,第二级电压增益 $A_{v2} \approx 1$,为什么将 $R_L = 5.1 \, \text{k}\Omega$ 接到第二级输出端得到的输出电压将比 R_L 直接接到第一级输出端得到的输出电压要大些?

实验 5.3 差分放大电路

1. 实验目的

① 熟悉差分放大电路工作原理。

② 掌握直流差分放大电路和交流差分放大电路的基本测试方法。

2. 实验仪器

① 双踪示波器。

② 数字万用表。

③ 信号发生器。

④ 数字毫伏表。

⑤ 模拟电子实验平台。

3. 工作原理及参考电路

(1) 差分放大电路的特点

差分放大电路是模拟电路基本单元电路之一,是直接耦合放大电路的最佳电路形式,具有放大差模信号、抑制共模信号和零点漂移的功能。

图 5.6 所示电路为恒流源形式差分放大电路,图中 T_3 的交流等效电阻 r_{ce3} 可以看成一个很大的电阻,所以,恒流源差分放大电路对共模信号的抑制能力得到大大提高,故具有更高的共模抑制比 K_{CMR}。

实验电路采用 T_1,T_2 两个同型号的三极管,两只管子的材料、工艺和使用环境相同,所以技术参数相对来说一致性较好。但不能保证两个管子能绝对的对称,因此,电路中还设有调零电位器 R_{p1},调节电位器 R_{p1} 可使三极管 T_1,T_2 集电极静态电流相等。当放大器输入信号为零时,输出电压也为零。R_e 和 T 的交流等效电阻可以看成一个很大的电阻,对共模信号具有很强的交流负反馈作用,R 越大,共模抑制比 K_{CMR} 越高;R 对差模拟信号无负反馈作用,不影响差模放大倍数,但具有很强的直流负反馈作用。

4. 实验内容及步骤

实验电路如图 5.6 所示。

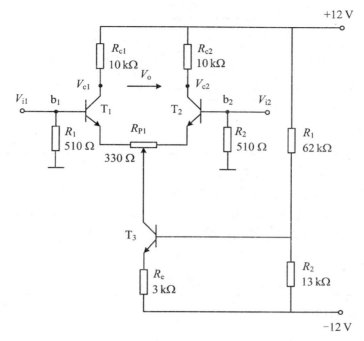

图 5.6　差分放大电路原理图

（1）测量静态工作点

① 调零：将输入端短路并接地，接通直流电源，调节电位器 R_{p1} 使双端输出电压 $V_o = 0$。

② 测量静态工作点：测量 V_1，V_2，V_3 各极对地电压，填入表 5.5 中。

表 5.5

对地电压	V_{c1}	V_{c2}	V_{c3}	V_{b1}	V_{b2}	V_{b3}	V_{e1}	V_{e2}	V_{e3}
测量值（V）									

（2）测量差模电压放大倍数

在输入端加入直流电压信号 $V_{id} = \pm 0.1$ V，按表 5.2 要求测量并记录，由测量数据算出单端和双端输出的电压放大倍数。

注意：先将 DC 信号源 OUT_1 和 OUT_2 分别接入 V_{i1} 和 V_{i2} 端，然后调节 DC 信号源，使其输出为 $+0.1$ V 和 -0.1 V。

（3）测量共模电压放大倍数

将输入端 b_1，b_2 短接，接到信号源的输入端，信号源另一端接地。DC 信号分先后接 OUT_1 和 OUT_2，分别测量并填入表 5.6。由测量数据算出单端和双端输出的电压放大倍数。进一步算出共模抑制比

$$K_{CMR} = \left| \frac{A_d}{A_C} \right|$$

表 5.6

测量及计算值\ 输入信号 V_i	差模输入						共模输入						共模抑制比
	测量值（V）			计算值			测量值（V）			计算值			计算值
	V_{c1}	V_{c2}	$V_{o双}$	A_{d1}	A_{d2}	$A_{d双}$	V_{c1}	V_{c2}	$V_{o双}$	A_{c1}	A_{c2}	$A_{c双}$	K_{CMR}
＋0.1 V													
－0.1 V													

（4）在实验板上组成单端输入的差放电路进行下列实验

① 在图 5.6 中将 b_2 接地，组成单端输入差动放大器，从 b_1 端输入直流信号 $V=\pm0.1$ V，测量单端及双端输出，填表 5.7 记录电压值。计算单端输入时的单端及双端输出的电压放大倍数，并与双端输入时的单端及双端差模电压放大倍数进行比较。

表 5.7

测量仪计算值\ 输入信号	电压值			双端放大倍数 A_v	单端放大倍数	
	V_{c1}	V_{c2}	V_o		A_{v1}	A_{v2}
直流＋0.1 V						
直流－0.1 V						
正弦信号（50 mV、1 kHz）						

② 从 b_1 端加入正弦交流信号 $V_i=0.05$ V，$f=1\,000$ Hz 分别测量、记录单端及双端输出电压，填入表 5.7，计算单端及双端的差模放大倍数。

注意：输入交流信号时，用示波器监视 V_{c1}、V_{c2} 波形，若有失真现象，可减小输入电压值，直到 V_{c1}，V_{c2} 都不失真时为止。

5. 注意事项

① 为实验简单，测差分放大电路的差模电压放大倍数时，采用了单端输入方式。若采用双端输入方式时，信号源须接隔离变压器后再与被测电路相接。调节信号源输出电压并同时用交流毫伏表测量差动放大电路输入端 A（或 B）至地的电压，使 $V_A=V_{id1}$（或 $V_B=V_{id2}$），即 $V_{AB}=V_{id}=2V_{id1}$。

② 测量静态工作点和动态指标前，一定要先调零（即 $V_i=0$，使 $V_o=0$）。

6. 思考题

① 为什么要对差分放大器进行调零？调零时能否用晶体管毫伏表来指示输出 V_o 值？

②　对基本差分放大器而言,在 V_{CC} 和 V_{EE} 确定的情况下,要使工作点电流达到某个预定值,应怎么调整?

③　差分放大器的差模输出电压是与输入电压的差还是和成正比?

④　设电路参数对称,加到差分放大器两管基极的输入信号相等、相位相同时,输出电压等于多少?

实验 5.4　集成运算放大器的基本应用

1. 实验目的

①　掌握集成运算放大器的正确使用方法。

②　掌握用集成运算放大器构成各种基本运算电路的方法。

③　学习正确使用示波器交流输入方式和直流输入方式观察波形的方法,重点掌握积分器输入、输出波形的测量和描绘方法。

2. 实验仪器

①　双踪示波器。

②　数字万用表。

③　信号发生器。

④　数字毫伏表。

⑤　模拟电子实验平台。

3. 实验原理及参考电路

集成运算放大器是由多级直接耦合放大电路组成的,具有高增益(一般可达 120 dB)、高输入阻抗(通常为 100 kΩ～10 MΩ)、低输出阻抗(通常为 70～300 Ω)的放大器,且具有体积小、功耗低、可靠性高、使用方便等优点。它外加反馈网络后,可实现各种不同的电路功能,如果反馈网络为线性电路,可实现加、减、微分、积分运算;如果反馈网络为非线性电路,则可实现对数、乘法、除法等运算;除此之外还可组成各种波形发生器,如正弦波、三角波、脉冲波发生器等,因此在电子技术中得到了广泛的应用。

本实验采用 μA741 集成运算放大器和外接电阻、电容等构成基本运算电路。

(1) 反相比例运算

反相比例运算电路如图 5.7 所示,设组件 μA741 为理想器件,则

$$V_o = -\frac{R_f}{R_1}V_i$$

其输入电阻 $R_{if} \approx R_1$,图 5.7 中 $R' \approx R_f /\!/ R_1$。

由上式可知,改变电阻 R_1 和 R_f 的比值,就改变了运算放大器的闭环增益 A_{uf}。

再选择电路参数时应考虑:

①　根据增益,确定 R_f 与 R_1 的比值,因为

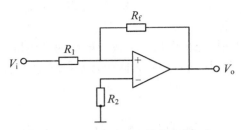

图5.7 反相比例运算电路

$$A_{vf} = -\frac{R_f}{R_1}$$

所以,在具体确定R_f和R_1的比值时应考虑:若R_f太大,则R_1亦大,这样容易引起较大的失调温漂;若R_f太小,则R_1亦小,输入电阻R_{if}也小,可能满足不了高输入阻抗的要求。故一般取R_f为几万欧至几十万欧。

若对放大器的输入电阻已有要求,则根据$R_i = R_1$先确定R_1,再求R_f。

② 运算放大器同相输入端外接电阻R'是直流补偿电阻,可减小运算放大器偏置电流产生的不良影响,一般取$R' = R_f /\!/ R_1$,由于反相比例运算电路属于电压并联负反馈,其输入、输出阻抗均较低。

(2)反相比例加法运算

反相比例加法运算电路如图5.8所示,当运算放大器开环增益足够大时,其输入端为"虚地",V_{i1}和V_{i2}均可通过R_1,R_2转换成电流,实现代数相加,其输出电压

$$V_o = -\left(\frac{R_f}{R_1}V_{i1} + \frac{R_f}{R_2}V_{i2}\right)$$

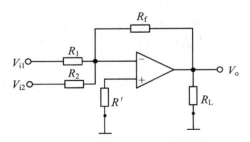

图5.8 反相比例加法运算电路

当$R_1 = R_2 = R$时

$$V_o = -\frac{R_f}{R}(V_{i1} + V_{i2})$$

为保证运算精度,除尽量选用高精度的集成运算放大器外,还应精心挑选精度高、稳定性好的电阻。R_f与R的取值范围可参照反相比例运算电路的选取原则。

同理,图5.8中的$R' = R_f /\!/ R_1 /\!/ R_2$。

（3）积分运算

积分运算电路如图 5.9 所示，当运算放大器开环电压增益足够大，且 R_f 开路时，可认为 $i_R = i_C$，其中

$$i_R = \frac{V_1}{R_1}$$

$$i_C = -C\frac{\mathrm{d}V_o(t)}{\mathrm{d}t}$$

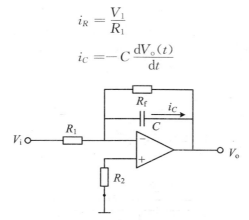

图 5.9　积分运算电路

将 i_R, i_C 代入，并设电容两端初始电压为零，则

$$V_o(t) = -\frac{1}{R_1 C}\int_0^t V_1(t)\,\mathrm{d}t$$

当输入信号 $V_1(t)$ 为幅度 V_1 的直流电压时，

$$V_o(t) = -\frac{1}{R_1 C}\int_0^t V_1\,\mathrm{d}t = -\frac{1}{R_1 C}V_1 t$$

此时输出电压 $V_o(t)$ 的波形是随时间线性下降的，如图 5.10 所示。当输入信号 $V_1(t)$ 为正方波时，输出电压 $V_o(t)$ 的稳态波形如图 5.11 所示。

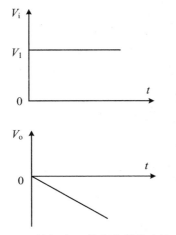

图 5.10　输入为 V_1 的积分器输出波形

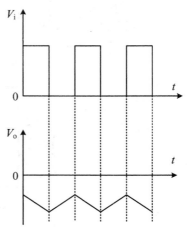

图 5.11　输入为正方形波时，积分器输出的稳态波形

实际电路中,通常在积分电容两端并联反馈电阻 R_f,用于直流负反馈,其目的是减小集成运算放大器输出端的直流漂移,其阻值必须取得大些,否则电路将变成一阶低通滤波器。同时 R_f 的加入将对电容 C 产生分流作用,从而导致积分误差。为克服误差,一般需要满足 $R_fC \gg R_1C$。C 太小,会加剧积分漂移,但 C 增大,电容漏电流也随之增大。通常取 $R_f > 10\ R$,$C < 1\ \mu\mathrm{F}$(涤纶电容或聚苯乙烯电容)。

集成运算放大器 μA741 的内部电路结构和引脚排列图如图 5.12(a)、图 5.12(b)所示。

4. 实验过程及步骤

(1) 反相比例运算

① 设计并安装反相比例运算电路,要求输入阻抗 $R_i = 10\ \mathrm{k}\Omega$,闭环电压增益 $|A_{\mathrm{vf}}| = 10$。

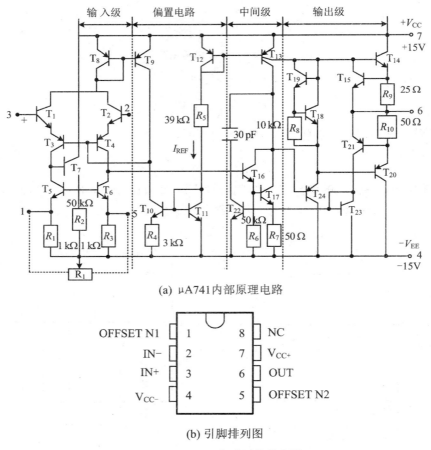

(a) μA741 内部原理电路

(b) 引脚排列图

图 5.12　μA741 集成运算放大器

② 在该放大器输入端加入 $f = 1\ \mathrm{kHz}$ 的正弦电压,峰-峰值自定,测量放大器

的输出电压值；改变 V_i 峰-峰值的大小，再测 V_o，研究 V_i 和 V_o 的反相比例关系，填入自拟表格中。

（2）比例积分运算

在反相比例运算电路的基础上，在 R_f 的两端并联一个容量为 0.01 μF 的电容，构成图 5.9 所示的积分运算电路。输入端加入 $f = 500$ Hz、幅值为 1 V 的正方波，用双踪示波器同时观察、记录 V_1 和 V_o 的波形，标出幅值和周期。

（3）反相比例加法运算

图 5.13 所示电路可实现加法运算。接入 $f = 1$ kHz 的正弦波，调节电位器 R_p，测量 V_{i1} 和 V_{i2} 电压的大小，然后再测 V_o 大小。调节 R_p，改变 V_{i2} 的值，分别记录相应 V_{i1}，V_{i2} 和 V_o 的数值，填入自拟表格中（此时 $R' = R_f // R_1 // R_2$）。研究加法运算关系。

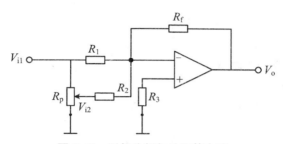

图 5.13　反相比例加法运算电路

5. 注意事项

① 对集成运算放大器的各个管脚不要接错，尤其是正、负电源不能接反，否则会损坏芯片。

② 研究积分运算关系时，用示波器观察 V_i，V_o 的波形，应当采用 DC 输入方式，并用 V_o 作为内同步或外触发电压接到示波器的外触发接线端。

6. 思考题

① 在图 5.13 所示反相比例加法运算电路中，R_3 值应怎样确定？若 $R_1 = R_2 = 10$ kΩ，$R_3 = 5.1$ kΩ，试问：在取 $R_f = 10$ kΩ 和 $R_f = 100$ kΩ 两种情况下，哪一种运算精度更高？为什么？对照实验结果分析。

② 若输入信号与放大器的同相端连接，当信号正向增大时，运算放大器的输出是正还是负？

③ 若输入信号与放大器的反相端连接，当信号负向增大时，运算放大器的输出是正还是负？

实验 5.5　负反馈放大电路

1. 实验目的

① 加深理解负反馈对放大器性能的影响。

② 掌握负反馈放大电路开环与闭环特性的测试方法。

③ 研究负反馈深度对放大器性能的影响。

④ 进一步熟悉常用电子仪器的使用方法。

2. 实验仪器

① 双踪示波器。

② 数字万用表。

③ 信号发生器。

④ 数字毫伏表。

⑤ 模拟电子实验平台。

3. 实验原理及参考电路

（1）参考电路

电压串联负反馈放大电路如图 5.14 所示。

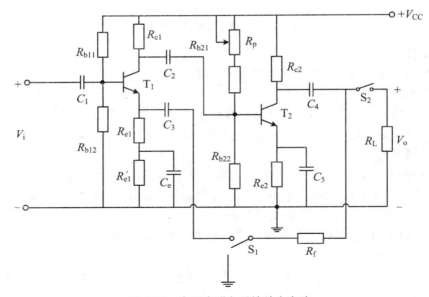

图 5.14　电压串联负反馈放大电路

负反馈共有 4 种类型,本实验仅对电压串联负反馈进行研究。实验电路由两级共射放大电路引入电压串联负反馈,构成负反馈放大器。反馈电阻 $R_f = 10\ \text{k}\Omega$。

（2）电压串联负反馈对放大器的性能的影响

① 引入负反馈降低了电压增益。

$$\dot{A}_{\text{vf}} \approx \frac{\dot{A}_{\text{v}}}{1 + \dot{A}_{\text{v}}\dot{F}_{\text{v}}}$$

式中，$\dot{F}_{\text{v}}$ 是反馈系数，$\dot{F}_{\text{v}} = \dfrac{\dot{V}_{\text{f}}}{\dot{V}_{\text{o}}} = \dfrac{R_{\text{e1}}}{R_{\text{e1}} + R_{\text{f}}}$，$\dot{A}_{\text{v}}$ 是放大器无级间反馈（即 $V_F = 0$，但考虑反馈网络阻抗的影响）时的电压增益，其值可由图 5.15 所示的交流等效电路求出。

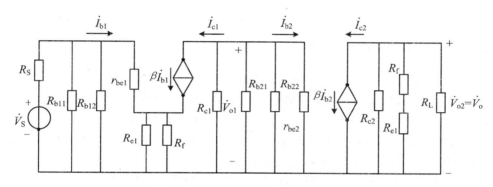

图 5.15　求 A_{v} 的交流等效电路

设 $(R_{\text{b11}} /\!/ R_{\text{b12}}) \gg R_{\text{S}}$，则有

$$\dot{A}_{\text{v1}} = -\frac{\beta_1 R'_{\text{L1}}}{R_{\text{S}} + r_{\text{be1}} + (1 + \beta_1)R'_{\text{e1}}}$$

$$\dot{A}_{\text{v2}} = -\frac{\beta_2 R'_{\text{L2}}}{r_{\text{be2}}}$$

$$\dot{A}_{\text{v}} = \dot{A}_{\text{v1}} \cdot \dot{A}_{\text{v2}}$$

式中，第一级交流负载电阻

$$R'_{\text{L1}} = R_{\text{c1}} /\!/ R_{\text{i2}} = R_{\text{c1}} /\!/ R_{\text{b21}} /\!/ R_{\text{b22}} /\!/ r_{\text{be2}}$$

第二级交流负载电阻

$$R'_{\text{L2}} = R_{\text{c2}} /\!/ (R_{\text{f}} + R_{\text{e1}}) /\!/ R_{\text{L}}$$

$$R'_{\text{e1}} = R_{\text{e1}} /\!/ R_{\text{f}}$$

从式 $\dot{A}_{\text{vf}} = \dfrac{\dot{A}_{\text{v}}}{1 + \dot{A}_{\text{v}}\dot{F}_{\text{v}}}$ 中可知，引入负反馈后，电压增益 $\dot{A}_{\text{vf}}$ 降为没有负反馈时的电压增益 $\dot{A}_{\text{v}}$ 的 $1/(1 + \dot{A}_{\text{v}}\dot{F}_{\text{v}})$，并且 $|1 + \dot{A}_{\text{v}}\dot{F}_{\text{v}}|$ 愈大，增益降低愈多。

② 负反馈可提高电压增益的稳定性。

$$\frac{\mathrm{d}A_{\text{f}}}{A_{\text{f}}} = \frac{1}{1 + AF} \cdot \frac{\mathrm{d}A}{A}$$

该式表明:引进负反馈后,放大器的闭环电压增益 A_f 的相对变化量 $\dfrac{dA_f}{A_f}$ 减小至开环

电压增益的相对变化量 $\dfrac{dA}{A}$ 的 $\dfrac{1}{1+AF}$,即闭环增益的稳定性提高了 AF 倍。

③ 负反馈可扩展放大器的通频带。

引入负反馈后,放大器闭环时的上限、下限截止频率分别为

$$f_{Hf} = |1+\dot{A}\dot{F}| f_H$$

$$f_{Lf} = \frac{f_L}{|1+\dot{A}\dot{F}|}$$

可见,引入负反馈后,f_{Hf} 向高端扩展到了 $|1+\dot{A}\dot{F}|$ 倍,f_{Lf} 向低端扩展到了

$\dfrac{1}{|1+\dot{A}\dot{F}|}$,从而使通频带得以加宽。

④ 负反馈对输入阻抗、输出阻抗的影响。

负反馈对放大器输入阻抗和输出阻抗的影响比较难复杂。不同的反馈形式,对阻抗的影响不一样。一般而言,串联负反馈可以增加输入阻抗,并联负反馈可以减少输入阻抗;电压负反馈将减少输出阻抗,电流负反馈将增加输出阻抗。本实验引入的是电压串联负反馈,所以对整个放大器而言,输入阻抗增加了,而输出阻抗降低了。它们增加和降低的程度与反馈深度$(1+AF)$有关,在反馈环内满足

$$R_{if} = R_i(1+AF)$$

$$R_{of} \approx \frac{R_o}{1+AF}$$

⑤ 负反馈能减少反馈环内的非线性失真。

综上所述,在放大电路中引入电压串联负反馈后,不仅可以提高放大器电压增益的稳定性,还可以扩展放大器的通频带,提高输入阻抗和降低输出阻抗,减小非线性失真。

4. 实验过程及步骤

(1)组装电路

按图 5.14 所示组装串联负反馈电路,调整 T_1,T_2 静态工作点。输入端加 $f=1$ kHz,$V_{ip\text{-}p}=5$ mV 的正弦电压,输出接示波器 CH_2,观察输出电压波形是否有自激振荡,若有自激,参考之前提出的窄带补偿(也称滞后补偿)方法,在 T_2 的基极 b_2 和集电极 c_2 之间增加密勒量和记录 T_1,T_2 的静态工作点,记录表格自拟。

(2)研究负反馈对放大器性能的影响

填写表 5.8。

① 观察负反馈对放大器电压增益的影响。

将开关 S_1 接地或接 e_1，分别测量基本放大器的电压增益 A_v 和负反馈放大器的电压增益 A_{vf}。

表 5.8　电压增益

数值 / 开关 S 位置	$V_{ip\text{-}p}$ (mV)	$V_{CC}=+12$ V $R_L=5.1$ kΩ		$V_{CC}=+12$ V $R_L=\infty$		$V_{CC}=+9$ V $R_L=5.1$ kΩ		稳定度 $\dfrac{A_v-A_v'}{A_v}\times100\%$ $R_L=5.1$ kΩ
		V_o	A_v	V_o	A_v	V_o'	A_v'	
基本放大器（S_1 接地）	5							
负反馈放大器（S_1 接 e_1）	5							

② 研究负反馈对放大器电压增益稳定性的影响。

当电源电压 V_{CC} 由 $+12$ V 降低到 $+9$ V（或增加到 $+15$ V）时，其他条件同上，分别测量相应的 A_v 和 A_{vf}，按下列公式计算电压放大倍数的稳定度，并进行比较：

$$（A_v）稳定度 = \frac{A_v(+12\text{ V})-A_v(+9\text{ V})}{A_v(+12\text{ V})}\times100\%$$

$$（A_{vf}）稳定度 = \frac{A_{vf}(+12\text{ V})-A_{vf}(+9\text{ V})}{A_{vf}(+12\text{ V})}\times100\%$$

③ 观察负反馈对非线性失真的影响。

开环状态下，保持输入信号频率 $f=1$ kHz，用示波器观察输出电压波形刚刚出现失真时的情况，记录 V_o 峰-峰值，然后加入负反馈形成闭环，并加大 V_i，使 V_o 峰-峰值达到开环时相同值，再观察输出电压波形的变化情况。对比以上两种情况，得出结论。

5. 注意事项

① 测量两级静态工作点时，必须保证放大器的输出电压波形不失真。若电路产生自激振荡，应用密勒电容消振。

② 比较 V_i，V_{o1}，V_{o2} 电压波形的相位关系时，宜选用外触发方式，并且选 V_{o2} 作为外触发源较为合适。

6. 思考题

① 测量基本放大器的各项指标时，为什么只需要将开关 S_1 接地？

② 能否说 $|1+\dot{A}\dot{F}|$ 越大，负反馈效果越好？对多级放大器，应从末级向输入级引负反馈，这样做可以吗？为什么？

③ 总结电压串联负反馈对放大器性能的影响。

实验 5.6 正弦波产生电路

1. 实验目的

① 了解集成运算放大器在振荡电路方面的应用。

② 掌握由集成运算放大器构成的 RC 桥式振荡电路的工作原理、振荡频率和输出幅度的测量方法。

③ 学习用示波器测量正弦波的振荡频率、开环幅频特性和相频特性的方法。

2. 实验仪器

① 双踪示波器。

② 数字万用表。

③ 信号发生器。

④ 数字毫伏表。

⑤ 模拟电子实验平台。

3. 实验原理及参考电路

RC 正弦波振荡电路如图 5.16 所示。图 5.16 中 R,C 为串、并联选频网络,接于运算放大器的输出与同相输入端之间,构成正反馈,以产生正弦自激振荡。其余部分是带有负反馈的同相放大电路,R_1,R_2,R_p 构成负反馈网络,调节 R_p 可改变负反馈的反馈系数,从而调节放大电路的电压增益,使其满足振荡的幅值条件。图 5.16 中二极管 D_1,D_2 的作用是有利于正弦波的起振和稳定输出幅度,以改善输出波形。当输出电压 v_o 的幅值很小时,D_1,D_2 开路,等效电阻 R_f 较大,$A_{vf} = \dfrac{v_o}{v_p} = \dfrac{R_1 + R_f}{R_1}$ 较大,有利于起振;而当输出电压 V_o 的幅值较大时,二极管 D_1,D_2 导通,R_f 减小,A_{vf} 随之下降,V_o 幅值趋于稳定。

R,C 串、并联选频网络中,设并联阻抗为 Z_1,串联阻抗为 Z_2,振荡角频率 $\omega_0 = \dfrac{1}{RC}$,则

$$Z_1 = \frac{R}{1 + j\omega RC}, \qquad Z_2 = R + \frac{1}{j\omega C} \tag{4.9.1}$$

正反馈系数为

$$F_v = \frac{v_p}{v_{12}} = \frac{Z_1}{Z_1 + Z_2} = \frac{1}{3 + j\left(\dfrac{\omega}{\omega_0} - \dfrac{\omega_0}{\omega}\right)} \tag{4.9.2}$$

当 $\omega = \omega_0$ 时,反馈系数的幅值为最大,即

$$F_v = \frac{1}{3}$$

而相角

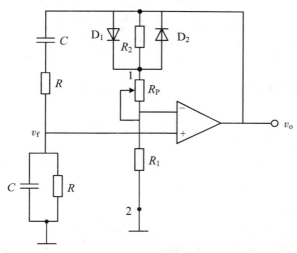

图 5.16　*RC* 正弦波振荡电路

$$\varphi_f = 0°$$

因此,可画出串、并联选频网络的幅频特性和相幅频特性曲线如图 5.17 所示。

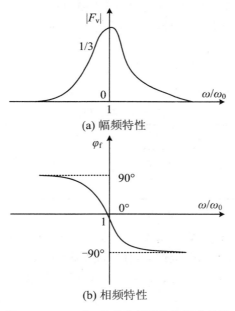

(a) 幅频特性

(b) 相频特性

图 5.17　*R*、*C* 串、并联选频网络的频率特性

由图 5.17 可知,当

$$\omega = \omega_0 = \frac{1}{RC}$$

经 R,C 串、并联选频网络反馈到运算放大器同相输入端的电压 v_p 与输出电压 v_o 同相,满足自激振荡的相位条件。如果此时负反馈放大电路的增益大于 3,则满足 $A_{vf}F_v>1$ 的起振条件。电路起振后,经反馈,输出电压幅度越来越大,最后受电路中器件的非线性限制,振荡幅度自动稳定下来,放大电路的增益由 $A_{vf}>3$ 过渡到 $A_{vf}=3$,达到幅值平衡状态。

4. 实验过程及步骤

(1)组装电路

按图 5.16 所示电路接线(电源电压为 ±12 V),检查无误后接通电源。

(2)观察输出波形

接在振荡电路的输出端,观察 v_o 的波形。适当调节电位器 R_p,使电路产生振荡,观察负反馈强弱(即 A_{vf} 大小)对输出波形 v_o 的影响。

(3)测输出电压峰-峰值和 f。

基本不失真时,分别测出输出电压的峰-峰值和振荡频率 f。

(4)测量开环幅频特性和相频特性

所谓开环,就是将图 5.16 中的正反馈网络某处断开,使之成为选频放大器。

① 幅频特性。

在图 5.16 中断开的两点间输入信号 v_{12}(为了保持放大器工作状态不变,v_{12} 的大小应保持和步骤 3 测得的输出电压峰-峰值相同)。改变输入信号 v_{12} 的频率(并保持 v_{12} 大小不变),分别测量相应的输出电压峰-峰值,并记入表 5.9 中。

② 相频特性。

在图 5.16 所示电路中断开点输入一信号 v_{12},改变输入信号 v_{12} 的频率,观测 v_o 与 v_{12} 的相位差,记入表 5.9 中。

表 5.9 实验记录

输入信号 v_{12} 的频率(Hz)	50	70	100	200	700	f_o	1 200	5 000	7 000	10 000
输出电压峰-峰值(V)										
v_o,v_{12} 间的相位差(度)										

5. 注意事项

① 安装电路时,应注意集成运算放大器各引脚的功能和二极管的极性。

② 调整电路时,应反复调电位器,使电路起振,且波形最大不失真。

③ 测量振荡电路的开环相频特性时,注意相位差角 φ_f 在 f_o 前后要发生极性变化。

6. 思考题

① 若想改变图 5.16 所示电路的振荡频率,需要调节电路中哪些元件?

② 分析电路调节输出电压幅度的原理,调整哪个元件可以改变输出电压 v_o 的幅度?

③ 用示波器测量频率有哪几种常用方法?

实验 5.7　方波、三角波发生电路

1. 实验目的

① 掌握波形发生电路的特点和分析方法。

② 熟悉波形发生电路设计方法。

2. 实验仪器

① 双踪示波器。

② 数字万用表。

③ 电路试验箱。

3. 实验原理及参考电路

（1）方波发生电路

实验电路如图 5.18 所示，双向稳压管稳压值一般为 5～6 V。

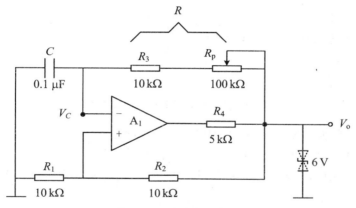

图 5.18　方波发生电路

如图 5.18 所示的方波发生电路由反向输入的滞回比较器（即施密特触发器）和 RC 回路组成。滞回比较器引入正反馈，RC 回路既作为延迟环节，又作为负反馈网络。电路通过 RC 充放电来实现输出状态的自动转换。分析电路，可知道滞回比较器的门限电压

$$\pm V_T = \pm \frac{R_1}{R_1 + R_2} V_Z$$

当 V_o 输出为 V_Z 时，V_o 通过 R 对 C 充电，直到 C 上的电压 V_C 上升到门限电压 V_T，此时输出 V_o 反转为 $-V_Z$，电容 C 通过 R 放电。当 C 上的电压 V_C 下降到门限电压 $-V_T$，输出 V_o 再次反转为 V_Z。此过程周而复始，因而输出方波。根据分析充放电过程可得公式如下：

$$T = 2RC\ln\left(1 + \frac{2R_1}{R_2}\right)$$

$$f = \frac{1}{T}$$

将 $V_Z = 6\ \mathrm{V}$，$R_1 = R_2 = 10\ \mathrm{k\Omega}$，$C = 0.1\ \mathrm{\mu F}$ 代入公式计算得：当 $R = 10\ \mathrm{k\Omega}$ 时，输出方波频率 $f = 455.12\ \mathrm{Hz}$；当 $R = 110\ \mathrm{k\Omega}$ 时，输出方波频率 $f = 41.4\ \mathrm{Hz}$。

（2）占空比可调的矩形波发生电路

实验电路如图 5.19 所示。

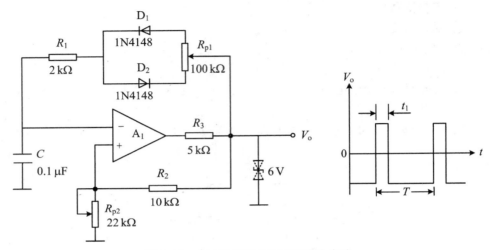

图 5.19　占空比可调的矩形波发生电路

图 5.19 原理与图 5.18 相同，但由于两个单向导通二极管的存在，其充电回路和放电回路的电阻不同，设电位器 R_{p1} 中属于充电回路部分（即 R_{p1} 上半）的电阻为 R'，电位器 R_{p1} 中属于放电回路部分（即 R_{p1} 下半）的电阻为 R''，如不考虑二极管单向导通电压可得公式：

$$T = t_1 + t_2$$

$$= (2R + R' + R'')C\ln\left(1 + \frac{2R_{p2}}{R_2}\right)$$

$$f = \frac{1}{T}$$

占空比

$$q = \frac{R + R'}{2R + R' + R''}$$

调节 $R_{p2} = 10\ \mathrm{k\Omega}$，由各条件可计算出 $f \approx 87.54\ \mathrm{Hz}$。

（3）三角波发生电路

实验电路如图 5.20 所示。

三角波发生电路是用正相输入滞回比较器与积分电路组成，与前面电路相比较，积分电路代替了一阶 RC 电路用作恒流充放电电路，从而形成线性三角波，同

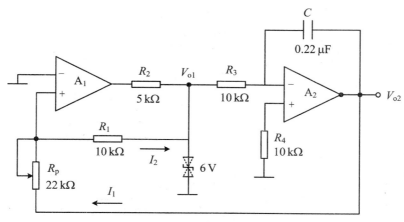

图 5.20　三角波发生电路

时易于带负载。分析滞回比较器,可得

$$\pm V_{\mathrm{T}} = \pm \frac{R_{\mathrm{p}}}{R_1} V_{\mathrm{Z}}$$

分析积分电路有

$$V_{\mathrm{o2}} = -\frac{1}{R_3 C} \int V_{\mathrm{o1}} \mathrm{d}t$$

所以有

$$\frac{V_{\mathrm{Z}}}{R_3 C} \cdot \frac{T}{2} = V_{\mathrm{T}} - (-V_{\mathrm{T}}) = 2 \frac{R_{\mathrm{p}}}{R_1} V_{\mathrm{Z}}$$

所以

$$T = 4 \frac{R_{\mathrm{p}}}{R_1} R_3 C$$

$$f = \frac{1}{T}$$

$$V_{\mathrm{o2m}} = V_{\mathrm{T}}$$

选 $R_{\mathrm{p}} = 10\ \mathrm{k\Omega}$,计算得 $f = 113.6\ \mathrm{Hz}$。

　　(4) 锯齿波发生电路

　　实验电路如图 5.21 所示。

　　电路分析与前面相同

$$\pm V_{\mathrm{T}} = \pm \frac{R_1}{R_2} V_{\mathrm{Z}}$$

设当 $V_{\mathrm{o2}} = V_{\mathrm{Z}}$ 时,积分回路电阻(电位器上半部分)为 R',当 $V_{\mathrm{o2}} = -V_{\mathrm{Z}}$ 时,积分回路电阻(电位器下半部分)为 R''。考虑到二极管的导通压降可得

$$t_1 = \frac{2 \dfrac{R_1}{R_2} V_{\mathrm{Z}}}{V_{\mathrm{Z}} - 0.7} R' C$$

$$t_2 = \frac{2\frac{R_1}{R_2}V_z}{V_z - 0.7}R''C$$

$$T = t_1 + t_2$$

$$f = \frac{1}{T}$$

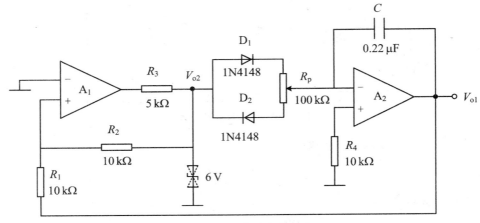

图 5.21　锯齿波发生电路

占空比

$$q = \frac{t_1}{t_2} = R''(R' + R'')$$

R_p 为 100 kΩ 电位器时频率太低,改为 22 kΩ 时,理论频率为 91.25 Hz。

4. 实验步骤

(1) 方波发生电路

① 按电路图 5.18 接线,观察 V_C,V_o 波形及频率,与预习比较。

② 分别测出 R 分别为 10 kΩ,110 kΩ 时的频率、输出幅值,与预习比较。要想获得更低的频率应如何选择电路参数?试利用实验箱上给出的元器件进行条件实验并观测。

观察实际输出波形:当 R＝10 kΩ 时,输出幅值±5.6 V,频率 430 Hz 的方波;当 R＝110 kΩ 时,输出幅值±5.6 V,频率 39.75 Hz 的方波。从公式可见,想要获得更低的频率,可以加大电阻 R 和电容 C,或者加大 R_1 和减小 R_2。

(2) 占空比可调的矩形波发生电路

① 按图 5.19 接线,观察并测量电路的振荡频率、幅值及占空比。

② 若要使占空比更大,应如何选择电路参数并用实验验证。

实际实验时,当 $R_{p2}＝10$ kΩ 时,调节 R_{p1} 观察输出波形。观察到当占空比在三分之一到三分之二之间时,输出方波的幅值为±5.6 V,频率稳定在 71.6 Hz 左右,超过此范围后频率会升高。之所以与理论计算值有较大的差异,是因为理论计算时忽略了二极管有 0.7 V 的正向导通电压,实际充放电电流比理论值小,所以频率要比理论值低。

(3) 三角波发生电路

① 按图 5.20 接线,分别观测 V_{o1} 及 V_{o2} 的波形并记录。

② 如何改变输出波形的频率? 按预习方案分别实验并记录。

实际实验时选 R_p＝10 kΩ,V_{o1} 得到 f＝116.4 Hz,峰-峰值约 11 V 的方波;V_{o2} 得到 f＝116.4 Hz,峰-峰值约 9 V 的三角波。

改变 R_p 可以改变频率和幅值,R_p 上升,V_{o2m} 上升,f 下降。

R_p＝18 kΩ,V_{o1} 得到 f＝66.0 Hz,峰-峰值约 11 V 的方波;V_{o2} 得到 f＝66.0 Hz,峰-峰值约 18 V 的三角波。

R_p＝3.8 kΩ,V_{o1} 得到 f＝291.8 Hz,峰-峰值约 11 V 的方波;V_{o2} 得到 f＝291.8 Hz,峰-峰值约 4 V 的三角波。

(4) 锯齿波发生电路

① 按图 5.21 接线,观测电路输出波形和频率。

② 按预习时的方案改变锯齿波频率并测量变化范围。

R_p 为 100 kΩ 电位器时频率太低,改为 22 kΩ 时。改变 R_p 使占空比在三分之一到三分之二之间时,输出锯齿波频率约为 83.86 Hz,峰-峰值 9.2 V,超过此范围则频率上升。要改变频率可改变 R_p,R_1,R_2,C。

5. 注意事项

① 集成运算放大器的各个管脚不要接错,尤其是正、负电源不能接反,否则极易损坏芯片。

② 电路调试过程中,若出现故障,可优先采用信号寻迹法找出故障点。

6. 思考题

① 若要求输出占空比可调的矩形脉冲,电路应如何改动? 为什么?

② 工作于非线形状态下的运算放大器,调试中是否调零消振? 为什么?

实验 5.8　电压比较电路

1. 实验目的

① 掌握比较电路的电路构成及特点。

② 学会测试比较电路的方法。

2. 仪器设备

① 双踪示波器。

② 信号发生器。

③ 数字万用表。

3. 实验原理

电压比较器中集成运放工作在开环或正反馈状态,只要两个输入端之间电压稍有差异,输出端便输出饱和电压,因此基本工作在饱和区,输出只有正负饱和电压。

（1）过零比较器

实验电路如图 5.22 所示。

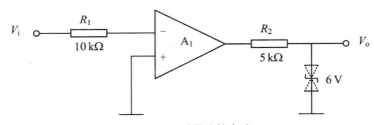

图 5.22　过零比较电路

由于 $V_+ = 0$ V,当输入电压 V_i 大于 0 V 时,V_o 输出 $-V_Z$,反之输出 V_Z。

实测:悬空时,输出电压为 5.57 V。输入正弦波时,输出 ±5.6 V 的方波,当正弦波处于上半周时,方波处于 -5.6 V;当正弦波处于下半周时,方波处于 $+5.6$ V。改变输入幅值,随着幅值增大,方波的过渡斜线变得更竖直。

（2）反相滞回比较器

实验电路如图 5.23 所示。

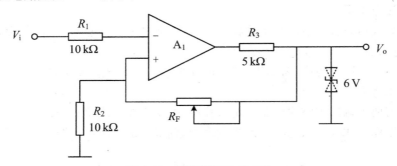

图 5.23　反相滞回比较电路

分析电路可得

$$V_{TH} = \frac{R_2}{R_F + R_2} V_Z$$

$$V_{TL} = -\frac{R_2}{R_F + R_2} V_Z$$

$V_Z = 6$ V,$R_F = 100$ kΩ 时,计算得 $V_{TH} = 0.545$ V,$V_{TL} = -0.545$ V。

实测 $V_{TH} = 0.508$ V,$V_{TL} = -0.514$ V,与 $V_Z = 5.6$ V 时计算值相符。

$V_Z = 6$ V,$R_F = 200$ kΩ 时,计算得 $V_{TH} = 0.286$ V,$V_{TL} = -0.286$ V。

实测 $V_{TH}=0.268$ V，$V_{TL}=-0.267$ V，与 $V_Z=5.6$ V 时计算值相符。

（3）同相滞回比较电路

实验电路如图 5.24 所示。

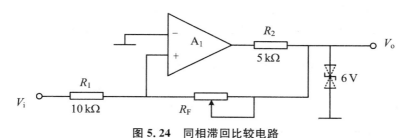

图 5.24　同相滞回比较电路

分析电路可得

$$V_{TH} = \frac{R_1}{R_F}V_Z$$

$$V_{TL} = -\frac{R_1}{R_F}V_Z$$

$V_Z=6$ V，$R_F=100$ kΩ 时，计算得 $V_{TH}=0.6$ V，$V_{TL}=-0.6$ V。

实测 $V_{TH}=0.547$ V，$V_{TL}=-0.552$ V，与 $V_Z=5.6$ V 时计算值相符。

$V_Z=6$ V，$R_F=200$ kΩ 时，计算得 $V_{TH}=0.3$ V，$V_{TL}=-0.3$ V。

实测 $V_{TH}=0.280$ V，$V_{TL}=-0.286$ V，与 $V_Z=5.6$ V 时计算值相符。

4. 实验内容

（1）过零比较电路

① 按图 5.22 接线，V_i 悬空时测 V_o 电压。

② V_i 输入 500 Hz 有效值为 1 V 的正弦波，观察 $V_i\sim V_o$ 波形并记录。

③ 改变 V_i 幅值，观察 V_o 变化。

（2）反相滞回比较电路

① 按图 5.23 接线，并将 R_F 调为 100 kΩ，V_i 接 DC 电压源，测出 V_o 由 $+V_{om}\sim$ $-V_{om}$ 时 V_i 的临界值。

② 同上，V_o 由 $-V_{om}\sim +V_{om}$。

③ V_i 接 500 Hz 有效值 1 V 的正弦信号，观察并记录 $V_i\sim V_o$ 波形。

④ 将电路中 R_F 调为 200 kΩ，重复上述实验。

（3）同相滞回比较电路。

① 参照反相滞回比较电路自拟实验步骤及方法。

② 将结果与反相滞回比较电路相比较。

5. 注意事项

① 注意电源电压的数值和连接方法。

② 引出插头不要相碰，调整和测量时也不要用手触碰，以免干扰信号，影响

精度。

③ 实验箱上不允许放多余的导线,防止造成短路,损坏设备。

6. 思考题

① 总结几种比较电路特点。

② 思考如何用集成电压比较器来设计一个三极管 β 参数分拣电路。

实验 5.9　集成功率放大电路

1. 实验目的

① 熟悉集成功率放大电路的特点。

② 掌握集成功率放大电路的主要性能指标及测量方法。

2. 实验仪器

① 示波器。

② 信号发生器。

③ 万用表。

④ 试验箱。

3. 实验原理及参考电路

集成功率放大器是一种音频集成功放,具有自身功耗低、电压增益可调整、电压电源范围大、外接元件少和总谐波失真少的优点。分析其内部电路,可得到一般集成功放的结构特点。

图 5.25 中的 LM386 是一个三级放大电路。第一级为直流差动放大电路,它具有减少温漂、加大共模抑制比的特点,由于不存在大电容,所以具有良好的低频特性,可以放大各类非正弦信号,也便于集成。它以两路复合管作为放大管增大放大倍数,以两个三极管组成镜像电路源作差分发大电路的有源负载,使这个双端输入单端输出差分放大电路的放大倍数接近双端输出的放大倍数。第二级为共射放大电路,以恒流源为负载,增大放大倍数,减小输出电阻。第三级为双向跟随的准互补放大电路,可以减小输出电阻,使输出信号的峰-峰值尽量大(接近于电源电压),两个二极管给电路提供合适的偏置电压,可消除交越失真。可用瞬间极性法判断出,引脚 2 为反相输入端,引脚 3 为同相输入端,电路是单电源供电,故为OTL(无输出变压器的功放电路),所以输出端应接大电容隔断直流再带负载。引脚 5 到引脚 1 的15 kΩ电阻形成反馈通路,与引脚 8、引脚 1 之间的 1.35 kΩ 和引脚 8 三极管发射极间的 150 Ω 电阻形成深度电压串联负反馈。此时

$$A_{\mathrm{v}} = A_{\mathrm{f}} = \frac{A}{1 + AF} \approx \frac{1}{F}$$

理论分析当引脚 1 与引脚 8 之间开路时,有

$$A_{\mathrm{v}} \approx 2\left[1 + \frac{15(\mathrm{k}\Omega)}{1.35(\mathrm{k}\Omega) + 0.15(\mathrm{k}\Omega)}\right] = 22$$

当引脚 1 与引脚 8 之间外部串联一个大电容和一个电阻 R 时

$$A_\text{v} \approx 2\left[1 + \frac{15\,(\text{k}\Omega)}{1.35\,(\text{k}\Omega)\parallel R + 0.15\,(\text{k}\Omega)}\right]$$

因此当 $R=0$ 时，$A_\text{v} \approx 202$。

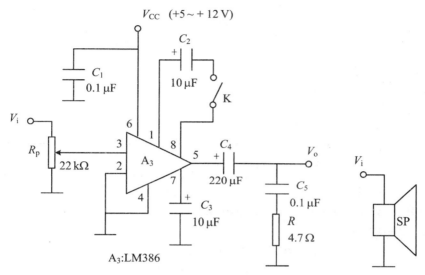

图 5.25　集成功率放大器电路

4. 实验过程及步骤

① 按图 5.25 所示电路在实验板上插装电路，不加信号时测静态工作电流。

② 在输入端接 1 kHz 信号，用示波器观察输出波形、逐渐增加输入电压幅度，直至出现失真为止，记录此时输入电压、输出电压幅值，并记录波形。

③ 去掉 10 μF 电容，重复上述实验。

④ 改变电源电压（选 5 V，9 V 两挡）重复上述实验。

实验电路图 5.25 中，开关与 C_2 控制增益，C_3 为旁路电容，C_1 为去耦电容滤掉电源的高频交流部分，C_4 为输出隔直电容，C_5 与 R 串联构成校正网络来进行相位补偿。当负载为 R_L 时

$$P_{\text{OM}} = \frac{\left(\dfrac{V_{\text{OM}}}{\sqrt{2}}\right)^2}{R_\text{L}}$$

当输出信号峰-峰值接近电源电压时，有

$$V_{\text{OM}} \approx E_\text{C} = \frac{V_{\text{CC}}}{2}$$

$$P_{\text{OM}} \approx \frac{V_{\text{CC}}^2}{8R_\text{L}}$$

在表 5.10 中记录有关数据。

表 5.10

$V_{CC}(V)$	C_2	不接 R_L				$R_L = 8\ \Omega$(喇叭)			
		$I_Q(mA)$	$V_i(mV)$	$V_o(V)$	A_v	$V_i(mV)$	$V_o(V)$	A_v	$P_{OM}(W)$
+12	接								
	不接								
+9	接								
	不接								
+5	接								
	不接								

以上输入、输出值均为峰值(峰-峰值的一半)。

5. 注意事项

使用集成功率放大器芯片时注意电源正负极。

6. 思考题

电源电压与输出电压、输出功率的关系如何?

实验 5.10　互补对称功率放大电路

1. 实验目的

① 熟悉互补对称功率放大电路的特点。

② 掌握互补对称功率放大电路的主要性能指标及测量方法。

2. 实验仪器

① 信号发生器。

② 示波器。

③ 万用表。

④ 试验箱。

3. 实验原理及参考电路

实验电路如图 5.26 所示。

图 5.26 所示电路由两部分组成,一部分是由 T₁ 组成的共射放大电路,为甲类功率放大;一部分是互补对称功率放大电路,用 D_1,D_2,R_4,R_5 的 R_5 来使 T_2,T_3 处于临界导通状态,以消除交越失真现象,为准乙类功率放大电路。实验结果如下:

① $V_{CC} = 12.14\ V$,$V_M = 5.97\ V$ 时测量静态工作点,然后输入频率为 5 kHz 的正弦波,调节输入幅值使输出波形最大且不失真,记入表 5.11(以下输入、输出值

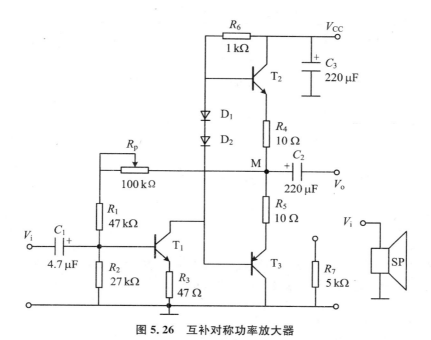

图 5.26　互补对称功率放大器

均为峰值）。

表 5.11

	V_B(V)	V_C(V)	V_E(V)	$V_i = 0.25$ V	$R_L = +\infty$	$R_L = 5.1$ kΩ	$R_L = 8$ Ω
T_1				V_o(V)			
T_2				总电流 I			
T_3				A_v			

$$P_o(8\ \Omega) = \frac{\left(\dfrac{V_o}{\sqrt{2}}\right)^2}{R_L}$$

$$P = I \cdot V_{CC}$$

$$\eta = \frac{P_o}{P}$$

② $V_{CC} = 9.02$ V，$V_M = 4.50$ V 时测量静态工作点，然后输入频率为 5 kHz 的正弦波，调节输入幅值使输出波形最大且不失真（记入表 5.12）（以下输入、输出值均为峰值）。

表 5.12

	$V_B(V)$	$V_C(V)$	$V_E(V)$	$V_i=0.185$ V	$R_L=+\infty$	$R_L=5.1$ kΩ	$R_L=8$ Ω
T$_1$				$V_o(V)$			
T$_2$				总电流 I			
T$_3$				A_v			

$$P_o(8\ \Omega) = \frac{\left(\dfrac{V_o}{\sqrt{2}}\right)^2}{R_L}$$

$$P = I \cdot V_{CC}$$

$$\eta = \frac{P_o}{P}$$

③ $V_{CC}=6$ V，$V_M=2.99$ V 时测量静态工作点，然后输入频率为 5 kHz 的正弦波，调节输入幅值使输出波形最大且不失真（记入表 5.13）（以下输入、输出值均为峰值）。

表 5.13

	$V_B(V)$	$V_C(V)$	$V_E(V)$	$V_i=0.118$ V	$R_L=+\infty$	$R_L=5.1$ kΩ	$R_L=8$ Ω
T$_1$				$V_o(V)$			
T$_2$				总电流 I			
T$_3$				A_v			

$$P_o(8\ \Omega) = \frac{\left(\dfrac{V_o}{\sqrt{2}}\right)^2}{R_L}$$

$$P = I \cdot V_{CC}$$

$$\eta = \frac{P_o}{P}$$

4. 实验过程及步骤

① 调整直流工作点，使 M 点电压为 $0.5\,V_{CC}$。

② 测量最大不失真输出功率与效率。

③ 改变电源电压（例如，由 +12 V 变为 +6 V），测量并比较输出功率和效率。

④ 测量放大电路在带 8 Ω 负载（扬声器）时的功耗和效率。

5. 注意事项

集成功率放大器芯片使用时注意电源正负极。

6. 思考题

电源电压与输出电压、输出功率的关系如何？

实验 5.11 串联稳压电路

1. 实验目的

① 研究稳压电源的主要特性，掌握串联稳压电路的工作原理。

② 学会稳压电源的调试及测量方法。

2. 实验仪器

① 直流电压表。

② 直流毫安表。

③ 示波器。

④ 数字万用表。

3. 实验原理及参考电路

实验电路如图 5.27 所示。

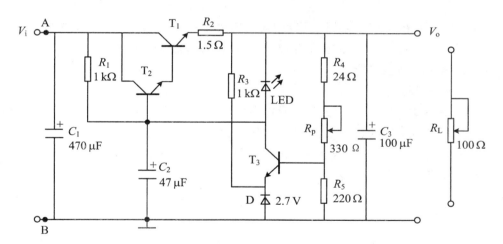

图 5.27 串联型稳压电路

串联型稳压电路，以稳压管电路为基准，利用晶体管的电流放大作用增大负载电流，并在电路中引入电压负反馈使输出电压稳定、输出电阻变小，一般通过改变反馈网络常数使输出电压可调。分析图 5.27 可知，电压基准由稳压管 D 提供，反馈网络由 R_4，R_p，R_5 组成，改变 R_P 就改变反馈系数从而调整输出电压，C_1，C_3 用来抑制纹波，C_2 用来抑制纹波并抑制可能出现的高频振荡，R_2 和 LED 组成过载保护和示警电路。

分析电路有：当 V_i 上升，V_o 上升，V_{B3} 上升，I_{C3} 上升，I_{B2} 下降，I_{E1} 下降，V_{CE1} 上升，V_o 下降，完成反馈自动稳压。反之也是一样。

由于三极管放大倍数很大，$I_C \approx I_E$

$$V_{B3} \approx \frac{R_5}{R_4 + R_p + R_5} V_o$$

$$V_o \approx \left(1 + \frac{R_4 + R_p}{R_5}\right) V_{B3} = \left(1 + \frac{R_4 + R_p}{R_5}\right)(V_Z + V_{BE3})$$

由此进行 Q 点估算：

$$V_{C1} = V_{C2} = V_i$$

$$V_{E3} = 2.7\,(V)$$

$$V_{B3} = 3.4\,(V)$$

$$V_o = \left(1 + \frac{24 + 165}{220}\right) \times 3.4 \approx 6.321\,(V)$$

$$V_{E1} \approx V_o = 6.321\,(V)$$

$$V_{B1} = V_{E2} = V_{E1} + 0.7 = 7.021\,(V)$$

$$V_{B2} = V_{C3} = V_{E2} + 0.7 = 7.721\,(V)$$

R_2 和 LED 组成过载保护和示警电路，LED 两端电压

$$V_+ - V_- = V_{BE1} + V_{BE2} + I \cdot R_2$$

当输出电流大到一定程度，使 LED 两端电压大于导通电压，则 LED 发光报警，同时从 V_i 经 R_1 到 LED 提供电流 I_D，减轻复合管的电流负荷从而形成保护。

4. 实验过程及步骤

（1）静态调试

① 看清楚实验电路板的接线，查清引线端子。

② 按图 5.27 接线，负载 R_L 开路，即稳压电源空载。

③ 将 +5～+27 V 电源调到 9 V，接到 V_i 端。再调电位器 R_p，使 $V_o = 6$ V。测量各三极管的 Q 点（记入表 5.14）。

表 5.14

	$V_B(V)$	$V_C(V)$	$V_E(V)$
T_1			
T_2			
T_3			

④ 调试输出电压的调节范围。调节 R_p，观察输出电压 V_o 的变化情况。记录 V_o 的最大和最小值。$V_i = 9$ V，V_o 最大值 7.67 V，最小值 3.84 V。

（2）动态测量

① 测量电源稳压特性。使稳压电源处于空载状态，调节电位器，模拟电网电压波动 ±10%；即 V_i 由 8 V 变到 10 V。测量相应的 ΔV。根据

$$S_r = \frac{\dfrac{\Delta V_o}{V_o}}{\dfrac{\Delta V_i}{V_i}}$$

计算稳压系数(记入表 5.15)。

表 5.15

$V_i(V)$	$V_o(V)$	S_r

② 测量稳压电源内阻。稳压电源的负载电流 I_L 由空载变化到额定值 $I_L=$ 100 mA时,测量输出电压 V_o 的变化量(记入表 5.16),即可求出电源内阻

$$r_o = \left| \frac{\Delta V_o}{\Delta I_L} \right|$$

测量过程中使 $V_i=9$ V 保持不变。计算得 $r_o=0.6\ \Omega$。

表 5.16

$I_L(mA)$	$V_o(V)$

③ 测试输出的纹波电压。将图 5.28 的整流滤波电路输出端接到图 5.27 所示的电压输入端 V_i(即接通 A−a,B−b),在负载电流 $I_L=100$ mA 条件下,用示波器观察稳压电源输入输出中的交流分量 V_o,描绘其波形。用晶体管毫伏表,测量交流分量的大小。

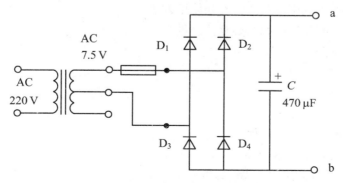

图 5.28　整流滤波电路

实际结果：$V_i = 9.42$ V，空载时输入峰-峰值约为 0.2 V 的纹波，输出 $V_o = 6.00$ V 时峰-峰值约为 5 mV 的纹波；$I_L = 100$ mA 时，输入峰-峰值为 1 V 的纹波，输出 $V_o = 5.75$ V 时峰-峰值约为 25 mV 的纹波。

（3）输出保护

① 在电源输出端接上负载 R_L 同时串接电流表。并用电压表监视输出电压，逐渐减小 R_L 值，直到短路，注意 LED 发光二极管逐渐变亮，记录此时的电压、电流值。

对空载时 $V_i = 9$ V，$V_o = 6$ V 的情况进行观察，可发现二极管发光时 $I_L = 190$ mA，$V_o = 4.7$ V。

② 逐渐加大 R_L 值，观察并记录输出电压、电流值。注意：此实验内容短路时间应尽量短（不超过 5 s），以防元器件过热。$I_L = 154.3$ mA，$V_o = 5.65$ V；$I_L = 183$ mA，$V_o = 4.92$ V。

思考题：如何改变电源保护值？

5. 注意事项

注意整流电路所用电阻的匹配精度。

6. 思考题

① 如果把图 5.27 电路中电位器的滑动端往上（或是往下）调，各三极管的 Q 点将如何变化？可以试一下。

② 调节 R_L 时，V_3 的发射极电位如何变化？电阻 R_3 两端电压如何变化？可以试一下。

③ 如果把 C_3 去掉（开路），输出电压将如何？

④ 这个稳压电源哪个三极管消耗的功率大？按实验内容（2）中的③接线。

实验 5.12   集成稳压电路

1. 实验目的

① 了解集成稳压电路的特性和使用方法。

② 掌握直流稳压电源主要参数测量方法。

2. 实验仪器

① 示波器。

② 数字万用表。

③ 实验箱。

3. 实验原理及参考电路

实验电路如图 5.29 所示。

集成负反馈串联稳压电路，稳压基本要求 $V_i - V_o \geqslant 2$ V。主要分为 3 个系列：固定正电压输出的 78 系列、固定负电压输出的 79 系列、可调三端稳压器 X17 系

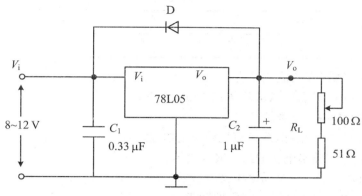

图 5.29 集成稳压电路

列。78 系列中输出电压有 5 V,6 V,9 V 等等,由输出最大电流分类有 1.5 A 型号的 78×× (×× 为其输出电压)、0.5 A 型号的 78M××、0.1 A 型号的 78L×× 3 挡。79 系列中输出电压有 −5 V、−6 V、−9 V,等等,同样由输出最大电流分为 3 挡,标志方法一样。可调式三端稳压器由工作环境温度要求不同分为 3 种型号,能工作在 −55 ℃到 150 ℃之间的为 117,能工作在 −25 ℃到 150 ℃之间的为 217,能工作在 0 ℃到 150 ℃之间的为 317,同样根据输出最大电流不同分为 ×17,×17M,×17L 3 挡。其输入输出电压差要求在 3 V 以上,$V_o - V_T = V_{REF} = 1.25$ V。

4. 实验过程及步骤

(1) 稳压器的测试

实验电路如图 5.29 所示。

以上为集成稳压电路的标准电路,其中二极管 D 用于保护,防止输入端突然短路,电流倒灌损坏稳压块。两个电容用于抑制纹波与高频噪声。

测试内容:

① 稳定输出电压(记入表 5.17)。

② 稳压系数 S_r。

空载时:$S_r = 0$。

表 5.17

V_i(V)
V_o(V)

③ 输出电阻 r_o(记入表 5.18)。

取 $V_i = 10$ V,计算得 $r_o = 0.2$ Ω。

表 5.18

I_L(mA)	
V_o(V)	

④ 电压纹波（有效值或峰值）。

$I_L = 50$ mA 下观察，纹波峰值在 1 mV 以下。

（2）稳压电路性能测试

仍用图 5.29 的电路，测试直流稳压电源性能：

① 保持稳定输出电压的最小输入电压。

空载时，$V_{imin} = 5.9$ V；负载电流 $I_L = 50$ mA 时，$V_{imin} = 6.5$ V。

② 输出电流最大值及过流保护性能。

当 $V_i = 10$ V 时，I_{omax} 约为 0.3 A，当输出电流超过 0.3 A 后，输出电压迅速降低形成保护。

（3）三端稳压电路灵活应用（选做）

① 改变输出电压。

实验电路如图 5.30、图 5.31 所示，按图接线，测量上述电路输出电压及变化范围。

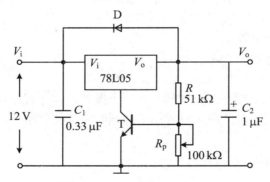

图 5.30　三端稳压电路应用一

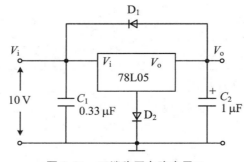

图 5.31　三端稳压电路应用二

分析电路,结论如下:

按图 5.30 接线时:

$$V_o \approx 5 + V_D \approx 5.7 \ (\text{V})$$

按图 5.31 接线时:

$$V_o \approx 5 + V_{CE}$$

调节电位器可以使三极管处于不同状态(截止、线性、饱和),从而改变 C,E 极间电压,改变输出电压。

② 组成恒流源。

实验电路如图 5.32 所示,按图接线,并测试电路恒流作用。

电路可根据实验箱做适当修改,C_1,C_2 可直接接地,R 可改为 150 Ω,R_L 可改为 330 Ω 电位器。

$$I_o = I_R + I_Q \approx \frac{5(\text{V})}{R} + I_Q$$

其中,I_Q 是指从集成芯片中间脚流出的电流,其数值较小,一般在 5 mA 以下,因此输出电流近似恒流。但恒流的前提是必须保证稳压管的正常工作条件,即输入电压比输出电压高 2 V 以上,所以当 R_L 增大使输出电压增大到一定值时,就无法保证稳压条件,失去恒流作用。

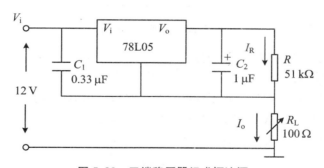

图 5.32 三端稳压器组成恒流源

实验中选 $R = 150$ Ω,$R_L = 330$ Ω 电位器,结果记入表 5.19。

表 5.19

$R_L(\Omega)$	$I_R(\text{mA})$	$I_o(\text{mA})$	$V_R(\text{V})$	$V_o(\text{V})$

③ 可调稳压电路。

　　a. 实验电路如图 5.33 所示,LM317L 最大输入电压 40 V,输出 1.25～37 V 可调,最大输出电流 100 mA(本实验只用 15 V 输入电压)。

　　分析电路:图 5.33 中输入电压改为 15 V,负载也可改为 150 Ω 电阻和 330 Ω 电位器,电路中 D_1,D_2 均为保护用二极管。由于 317L 中间脚流出的电流很小,忽略不计情况下,输出电压

$$V_o \approx \left(1 + \frac{R_{p1}}{R_1}\right) \cdot (V_o - V_T) = \left(1 + \frac{R_{p1}}{R_1}\right) V_{REF} = \left(1 + \frac{R_{p1}}{R_1}\right) \cdot 1.25 \ (V)$$

所以改变电位器可改变输出电压。稳压条件是输入电压比输出电压高 2 V,在此条件下,输出电压与电位器阻值近似成正比例关系。

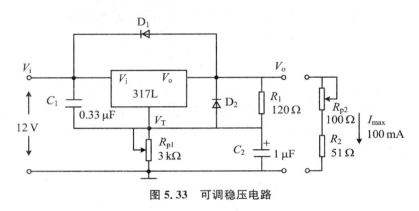

图 5.33　可调稳压电路

　　b. 按图 5.33 所示接线,并测试:

　　ⅰ. 电压输出范围。

　　ⅱ. 按实验内容(1)测试各项指标。测试时将输出电压调到合适电压。

实验结果:$V_i = 15$ V 时,$V_o = 1.37 \sim 13.53$ V(记入表 5.20)。

不加输出电阻时,测量稳压系数 $S_r = 0$。

表 5.20

V_i(V)
V_o(V)

在 $V_o = 10$ V 时测量输出电阻(记入表 5.21)。

表 5.21

I_L(mA)	V_o(V)	r_o(Ω)

输出电压纹波峰-峰值约为多少？

5. 注意事项

虽然集成稳压芯片的内部有很好的保护电路，但在实际使用中仍会因使用不当而损坏，故应注意以下几点：

① 输入、输出不应反接，若反接电压超过 7 V，将会损坏稳压器。

② 输入端不能短路，故应在输入、输出端接一个保护二极管。

③ 防止接地故障。由于三端稳压器的外壳为公共端，当它装在设备底板或外机箱上时，应接上可靠的公共连接线。

6. 思考题

两种三端稳压器的应用方法特点。

第6章　数字电子电路实验

实验 6.1　门电路的逻辑功能及测试

1. 实验目的
① 熟悉数字电路实验箱的使用方法。
② 熟悉常用门电路的逻辑功能及测试方法。
③ 掌握 TTL 与非门主要参数的测试方法。
④ 掌握 TTL 与非门传输特性的测试方法。
⑤ 熟悉各门电路之间的相互转换。

2. 实验仪器与器件
① 数电实验箱。
② 双踪示波器。
③ 数字万用表。
④ 与非门 74LS00。
⑤ 或非门 74LS02。
⑥ 或门 74LS32。
⑦ 异或门 74LS86。

3. 实验原理与参考电路
（1）门电路
门电路是最基本的逻辑元件，它能实现最基本的逻辑功能，即其输入与输出之间存在一定的逻辑关系。

本实验中使用的 TTL 集成门电路是双列直插型的集成电路，其引脚识别方法：将 TTL 集成门电路正面（印有集成门电路型号标记）正对自己，有缺口或有圆点的一端置向左方。左下方第一管脚即为管脚"1"，按逆时针方向数，依次为 1，2，3，4…如图 6.1 所示。

（2）TTL 与非门的主要参数
① 输出高电平 V_{oH}：输出高电平是指与非门有一个以上输入端接地或接低电平时的输出电平值。空载时，V_{oH} 必须大于标准高电平（$V_{SH} = 2.4$ V），接有拉电流负载时，V_{oH} 将下降。测试 V_{oH} 的电路如图 6.2 所示。

② 输出低电平 V_{oL}：输出低电平是指与非门的所有输入端都接高电平时的输出电平值。空载时，V_{oL} 必须低于标准低电平（$V_{SL} = 0.4$ V），接有灌电流负载时，

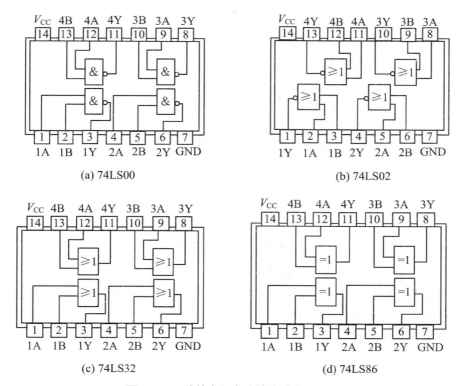

(a) 74LS00　　　　　　　　　　　　(b) 74LS02

(c) 74LS32　　　　　　　　　　　　(d) 74LS86

图 6.1　几种基本门电路的外引线排列图

V_{oL}将上升。测试 V_{oL} 的电路如图 6.3 所示。

　　③ 输入短路电流 I_{IS}：输入短路电流 I_{IS} 是指被测输入端接地，其余输入端悬空时，由被测输入端流出的电流。前级输出低电平时，后级门的 I_{IS} 就是前级的灌电流负载。一般 $I_{IS}<1.6\,\text{mA}$。测试 I_{IS} 的电路见图 6.4。

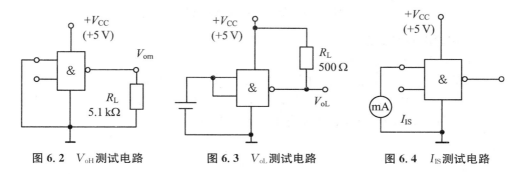

图 6.2　V_{oH} 测试电路　　　　**图 6.3　V_{oL} 测试电路**　　　　**图 6.4　I_{IS} 测试电路**

　　④ 扇出系数 N：扇出系数 N 是指能驱动同类门电路的数目，用以衡量带负载的能力。

　　图 6.5 所示电路能测试输出为低电平时，最大允许负载电流 I_{oL}，然后求得

$$N = \frac{I_{\text{oL}}}{I_{\text{IS}}}$$

一般 $N > 8$ 的与非门才被认为是合格的。

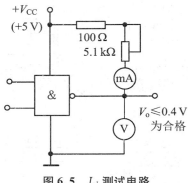

图 6.5　I_{oL} 测试电路

（3）TTL 与非门的电压传输特性

利用电压传输特性不仅能检查和判断 TTL 与非门的好坏,还可以从传输特性上直接读出其主要静态参数,如 V_{oH},V_{oL},V_{ON},V_{OFF},V_{NH} 和 V_{NL}。电压传输特性的测试电路如图 6.6 所示。

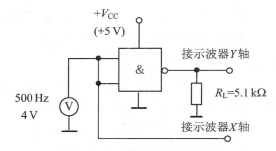

图 6.6　电压传输特性测试电路

4. 实验内容和步骤

（1）测试电压传输特性

将 TTL 与非门 74LS00、或非门 74LS02 和异或门 74LS86 分别按图 6.1 所示连线:输入端 A、B 接逻辑开关,输入端 Y 接发光二极管,改变输入状态的高低电平,观察二极管的亮灭,并将输出状态填入表 6.1 中。

表 6.1

A	B	74LS00	74LS02	74LS86
0	0			
0	1			
1	0			
1	1			
逻辑表达式				
逻辑功能				

（2）参数测试

① 用数字万用表直流电压挡测试与非门带载和空载两种情况下的输出高电平 V_{oH} 和输出低电平 V_{oL}。测试电路如图 6.2、图 6.3 所示。

② 按图 6.4 测试与非门输入短路电流 I_{IS}。

③ 按图 6.5 测试最大允许负载电流 I_{oL}，并通过公式计算出扇出系数。具体测试方法有：

a. 将输入端全部悬空，逐渐减小负载电阻 R，读出仍能保持 $V_o = 0.4\ V$ 的最大负载电流，即 I_{oL}。

b. 将输入端全部悬空，输出端用 500 Ω 电阻代替，用数字万用表直流电压挡测量 V_o，若 $V_o \leqslant 0.4\ V$，则产品合格。然后再用数字万用表电流挡测出 I_{oL}。

（3）测试和绘制 TTL 与非门的电压传输特性

① 按图 6.6 所示接好电路，输入信号选择锯齿波，其 $f = 500\ Hz$，$V_{ip-p} = 4\ V$，用示波器的双通道观察输入输出曲线。

② 用坐标纸描绘出与非门的电压传输特性，并标出 V_{oH}，V_{oL}，V_{ON}，V_{OFF}，V_{NH} 和 V_{NL}。

（4）扩展实验

分别用与非门、或非门、异或门实现反相器功能，要求画出电路图，并验证逻辑功能。

（5）自行设计

选择门电路自行设计变量与逻辑功能。

5. 注意事项

① TTL 集成门电路的工作电压为 5 V（±10%），不可超出过多；GND 接地，不要接错。

② TTL 与非门的闲置输入端可接高电平，不能接低电平；输出端不能并联使用，不能直接接 +5 V 或地。

③ 实验中所测绘的波形，不仅要画出形状，而且要标出周期和幅值。

6. 思考题

① TTL 门电路和 CMOS 门电路有什么区别？它们的多余输入端应如何处理？

② 用与非门实现其他逻辑功能的方法步骤是什么？

实验 6.2　SSI 组合逻辑电路

1. 实验目的

掌握用 SSI（小规模数字集成电路）构成的组合逻辑电路的分析与设计方法。

2. 实验仪器与器件

① 数电实验箱。

② 数字万用表。

③ 74LS00。

④ 74LS20。

⑤ 74LS86。

⑥ 74LS10。

3. 实验原理与参考电路

（1）组合逻辑电路

组合逻辑电路是最常见的逻辑电路之一，其特点是任一时刻的输出信号仅取决于该时刻的输入信号，而与信号作用前电路所处的状态无关。

（2）组合逻辑电路的分析方法

分析的任务：对给定的电路求解其逻辑功能，即求出该电路的输出与输入之间的逻辑关系，通常是用逻辑式或真值表来描述，有时也加上必要的文字说明。

分析的步骤：

① 逐级写出逻辑表达式，最后得到输出逻辑变量与输入逻辑变量之间的逻辑函数式。

② 化简。

③ 列出真值表。

④ 文字说明。

上述 4 个步骤不是一成不变的。除第一步外，其他三步根据实际情况而采用。

（3）组合逻辑电路的设计方法

设计的任务：由给定的功能要求，设计出相应的逻辑电路。

设计的步骤：

① 通过对给定问题的分析，获得真值表。

在分析中要特别注意：实际问题如何抽象为几个输入变量和几个输出变量之间的逻辑关系问题，其输出变量之间是否存在约束关系，从而获得真值表。

② 通过化简得出最简与或式。

③ 必要时进行逻辑式的变更,最后画出逻辑图。

其设计流程如图 6.7 所示。

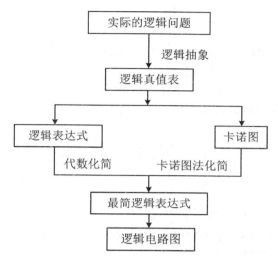

图 6.7　SSI 组合逻辑电路的设计流程图

4. 实验内容和步骤

① 某一监测交通信号灯工作状态的逻辑电路如图 6.8 所示。图中用 R,Y,G 分别表示红、黄、绿 3 个灯的状态,并规定灯亮时为 1,不亮时为 0,用 L 表示故障信号,正常工作状态下 L 为 0,发生故障时 L 为 1。

按图 6.8 接线,列出真值表,并分析结果。

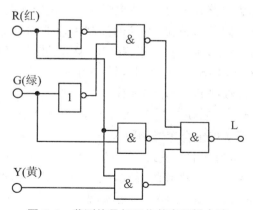

图 6.8　监测信号灯工作状态逻辑电路

② 用 74LS86 和 74LS00 设计一个一位全加器。要求画出原理图,按图连接并对其进行验证。

③ 设计一个能判断一位二进制数 A 与 B 大小的比较电路。画出逻辑图,用 L_1,L_2,L_3 分别表示 3 种状态,即 $L_1(A>B)$,$L_2(A<B)$,$L_3(A=B)$。

按图连接后将 A,B 分别接至数据开关,L_1,L_2,L_3 接至逻辑显示灯,验证电路。

5. 注意事项

TTL 与非门多余的输入端可接高电平,以防引入干扰。

6. 思考题

① 竞争冒险的原因是什么? 怎样有效地消除竞争冒险现象?

② 在进行组合逻辑电路设计时,什么是最佳设计方案?

实验 6.3 MSI 组合逻辑电路

1. 实验目的

① 了解译码器、数据选择器等中规模集成电路(MSI)的性能及使用方法。

② 会用集成译码器和集成数据选择器设计任意组合逻辑函数。

2. 实验仪器与器件

① 数电实验箱。

② 数字万用表。

③ 数据选择器 74LS153。

④ 译码器 74LS138。

3. 实验原理与参考电路

(1) 数据选择器(multiplexer)

数据选择器又称为多路开关,是一种重要的组合逻辑电路,它可以实现从多路数据传输中选择任何一路信号输出,选择的控制由地址码决定。数据选择器可以完成很多的逻辑功能,例如,函数发生器、并串转换器、波形产生器等。

四选一数据选择器 74LS153 的外引线排列如图 6.9 所示,当选通输入端 $\overline{S_T}=0$ 时,Y 是 A_1、A_0 和输入数据 $D_0\sim D_3$ 的函数。

$$Y=\overline{A_1}\ \overline{A_0}D_0+\overline{A_1}A_0D_1+A_1\ \overline{A_0}D_2+A_1A_0D_3$$

(2) 用数据选择器实现组合逻辑函数

① 数据选择器输出为标准与或式,含地址变量的全部最小项。而任何组合逻辑函数都可以表示成为最小项之和的形式,故可用数据选择器实现。N 个地址变量的数据选择器,不需要增加门电路最多可实现 $N+1$ 个变量的逻辑函数。

② 实现步骤:

a. 写出待实现函数的标准与或式和数据选择器输出信号表达式。

b. 对照比较确定选择器各输入变量的表达式。

c. 根据采用的数据选择器和求出的表达式画出连线图。

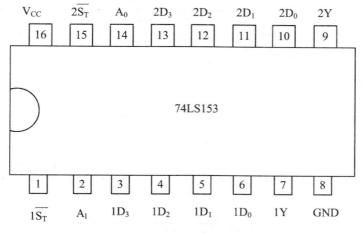

图 6.9　74LS153 外引线排列图

（3）译码器

译码器是一个多输入、多输出的组合逻辑电路。它的作用是把给定的代码进行"翻译"，变成相应的状态，使输出通道中相应的一路有信号输出。译码器在数字系统中有广泛的用途，不仅用于代码的转换、终端的数字显示，还用于数据分配，存储器寻址和组合控制信号等。

3 线～8 线译码器 74LS138 的外引线排列图如图 6.10 所示，其中 A_2，A_1，A_0 为译码地址输入端，$\overline{Y_0} \sim \overline{Y_7}$ 为译码输出端，ST_A，$\overline{ST_B}$，$\overline{ST_C}$ 为片选输入端（也称控制输入端或使能端）。74LS138 译码器的译码输出是低电平有效。当译码器工作时，每一个译码输出信号 $\overline{Y_i}$ 为译码输入变量 A_2，A_1，A_0 的一个最小项的非 $\overline{m_i}$，所以也把这种译码器叫做最小项译码器。其逻辑功能如表 6.2 所示。

表 6.2

输　入						输　出							
选　通		译码地址				译　码							
ST_A	$\overline{ST_B}+\overline{ST_C}$	A_2	A_1	A_0		$\overline{Y_0}$	$\overline{Y_1}$	Y_2	$\overline{Y_3}$	$\overline{Y_4}$	$\overline{Y_5}$	$\overline{Y_6}$	$\overline{Y_7}$
$\times$	1	$\times$	$\times$	$\times$		1	1	1	1	1	1	1	1
0	$\times$	$\times$	$\times$	$\times$		1	1	1	1	1	1	1	1
1	0	0	0	0		0	1	1	1	1	1	1	1
1	0	0	0	1		1	0	1	1	1	1	1	1
1	0	0	1	0		1	1	0	1	1	1	1	1
1	0	0	1	1		1	1	1	0	1	1	1	1

续表

| 输　入 | | | | | 输　出 | | | | | | | |
| 选　通 | | 译码地址 | | | 译　码 | | | | | | | |
ST_A	$\overline{ST_B}+\overline{ST_C}$	A_2	A_1	A_0	$\overline{Y_0}$	$\overline{Y_1}$	Y_2	$\overline{Y_3}$	$\overline{Y_4}$	$\overline{Y_5}$	$\overline{Y_6}$	$\overline{Y_7}$
1	0	1	0	0	1	1	1	1	0	1	1	1
1	0	1	0	1	1	1	1	1	1	0	1	1
1	0	1	1	0	1	1	1	1	1	1	0	1
1	0	1	1	1	1	1	1	1	1	1	1	0

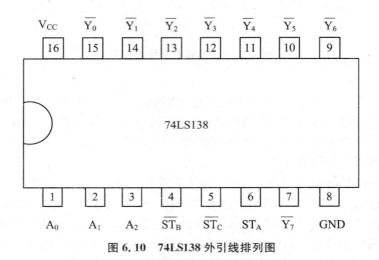

图 6.10　74LS138 外引线排列图

（4）用译码器实现组合逻辑函数

从用来实现组合逻辑函数的角度看，二进制译码器的输出端提供了其输入变量的全部最小项。译码器的基本电路是由与门（或与非门）组成的阵列，利用附加的门电路将这些输出（即最小项）适当地组合起来，便可产生任何形式的组合逻辑函数。

4. 实验内容和步骤

① 将双四选一多路数据选择器 74LS153 接成的电路如图 6.11 所示，将 A_1，A_0 接逻辑开关，数据输入端 $D_0 \sim D_3$ 接逻辑开关，输出端 Y 接发光二极管。观察输出状态，验证 74LS153 的逻辑功能。

② 用类似的方法自己连接电路，验证 74LS138 的逻辑功能。

③ 分别用 74LS153 和 74LS138 结合其他的门电路，设计实验 6.2 中给出的交通信号灯故障监测电路。

④ 分别用 74LS153 和 74LS138 结合其他的门电路，设计一位全加器。

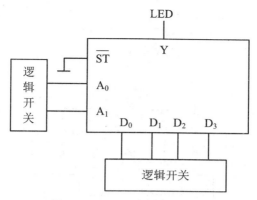

图 6. 11　74LS153 功能测试图

5. 注意事项

用发光二极管指示输出时,串入 330 Ω 的电阻。

6. 思考题

① 用双四选一数据选择器 74LS153 怎样才能连接成八选一数据选择器?

② 如何将 74LS138 扩展成 4 线-16 线译码器? 试画出扩展后的电路图。

实验 6.4　触发器及应用

1. 实验目的

① 掌握几类集成触发器的逻辑功能及使用方法。

② 熟悉各个触发器之间相互转换的方法。

2. 实验仪器与器件

① 数电实验箱。

② 数字万用表。

③ 与非门 74LS00。

④ JK 触发器 74LS76。

⑤ D 触发器 74LS74。

3. 实验原理与参考电路

触发器具有两个稳定状态,表示逻辑状态“1”和“0”,在一定的外界信号作用下可以从一个稳定状态翻转到另一个稳定状态。它是一个具有记忆功能的二进制信息存储器件,是构成各种时序电路的基本逻辑单元。

(1) 基本 RS 触发器

图 6.12 所示为由两个与非门交叉耦合构成的基本 RS 触发器,具有置“0”、置“1”和“保持”的逻辑功能。通常称 S 为置“1”端,R 为置“0”端,当 S＝R＝0 时,触发器状态不定,应避免此种情况发生。其逻辑功能如表 6. 3 所示。RS 触发器的特性

方程为

$$\begin{cases} Q^{n+1} = S + \bar{R}Q_n \\ RS = 0 \end{cases}$$

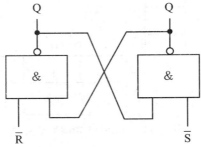

图 6.12 基本 RS 触发器

表 6.3

输　入		输　出	
$\bar{S}$	$\bar{R}$	Q^{n+1}	$\bar{Q}^{n+1}$
0	1	1	0
1	0	0	1
1	1	Q	$\bar{Q}^n$
0	0	不定	

（2）JK 触发器

JK 触发器具有置"0"、置"1"、"保持"和"翻转"的逻辑功能。74LS76 是下降沿触发的双 JK 触发器，引脚功能如图 6.13 所示。其逻辑功能如表 6.4 所示。JK 触发器的特性方程为 $Q^{n+1} = \bar{J}Q^n + \bar{K}Q^n$，常被用作缓冲存储器、移位寄存器和计数器。

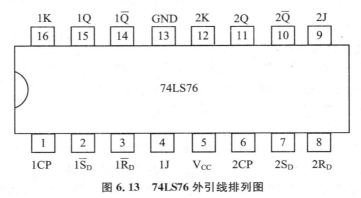

图 6.13 74LS76 外引线排列图

表 6.4

输　入					输　出	
$\bar{S}_D$	$\bar{R}_D$	CP	J	K	Q^{n+1}	$\bar{Q}^{n+1}$
0	1	×	×	×	1	0
1	0	×	×	×	0	1
0	0	×	×	×	Φ	Φ
1	1	↓	0	0	Q^n	$\bar{Q}^n$
1	1	↓	1	0	1	0
1	1	↓	0	1	0	1
1	1	↓	1	1	$\bar{Q}^n$	Q^n
1	1	↑	×	×	Q^n	$\bar{Q}^n$

（3）D 触发器

D 触发器用起来最为方便,其特性方程为 $Q^{n+1}=D$,具有置"0"、置"1"的逻辑功能,其逻辑功能如表 6.5 所示。可用作数字信号的寄存、移位寄存、分频和波形发生等。图 6.14 所示为 74LS74 双 D 触发器的引脚排列图。

表 6.5

输　入				输　出	
$\bar{S}_D$	$\bar{R}_D$	CP	D	Q^{n+1}	$\bar{Q}^{n+1}$
0	1	×	×	1	0
1	0	×	×	0	1
0	0	×	×	Φ	Φ
1	1	↑	1	1	0
1	1	↑	0	0	1
1	1	↓	×	Q^n	$\bar{Q}^n$

（4）触发器之间的相互转换

基本触发器之间是可以互相转换的,JK 触发器和 D 触发器是两种最常用的触发器,别的触发器可以通过这两种触发器转化得来,它们之间也可相互转化。因为触发器的逻辑功能可以用其特性方程来描述,将一种触发器的特性方程变换为另一种触发器的特性方程,即可实现触发器的功能转换,几种常见的触发器之间的转换如表 6.6 所示。

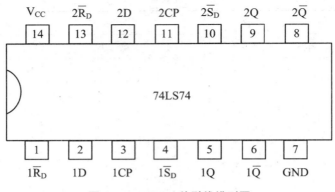

图 6.14　74LS74 外引线排列图

表 6.6

原触发器	转换后的触发器				
	T 触发器	T′触发器	D 触发器	JK 触发器	RS 触发器
D 触发器	$D=T+Q^n$	$D=\bar{Q}^n$		$D=J\bar{Q}^n+\bar{K}Q^n$	$D=S+\bar{R}Q^n$
JK 触发器	$J=T$ $K=T$	$J=1$ $K=1$	$J=\dot{D}$ $K=\bar{D}$		$J=S$ $K=R$
RS 触发器	$R=TQ^n$ $S=T\bar{Q}^n$	$R=Q^n$ $S=\bar{Q}^n$	$R=\bar{D}$ $S=D$	$R=KQ^n$ $S=J\bar{Q}^n$	

下面以 JK 触发器转换为 D 触发器为例来加以说明：

JK 触发器的特性方程为

$$Q^{n+1}=J\bar{Q}^n+\bar{K}Q^n$$

D 触发器的特性方程为

$$Q^{n+1}=D$$

变换表达式,使 D 触发器特性方程的形式与 JK 触发器相同

$$Q^{n+1}=D(\bar{Q}^n+Q^n)=D\bar{Q}^n+DQ^n$$

比较可知,只要令 $J=D$、$K=\bar{D}$,则两触发器的特性方程即可相同,JK 触发器即转换为 D 触发器。

4. 实验内容和步骤

① 按图 6.12 所示组成基本 RS 触发器,测试基本 RS 触发器的逻辑功能并记录之。

② 测试双 JK 触发器 74LS76 的逻辑功能。

a. 测试其异步置位及复位端的功能。将 $\overline{S_D}$ 和 $\overline{R_D}$ 端分别接逻辑开关,输出 Q 和 $\bar{Q}$ 端分别接发光二极管。任意改变 J、K、CP 脉冲的状态,观察输出端状态是否

变化。

b. 测试 JK 触发器的逻辑功能。将异步置位$\overline{S_D}$及复位端$\overline{R_D}$置于无效电平,CP
端接单次脉冲,J,K 端接逻辑开关,输出 Q 和$\overline{Q}$端分别接发光二极管。在 CP 脉冲
下降沿触发时,改变 J,K 端信号,观察输出端状态是否变化。

③ 测试双 D 触发器 74LS74 的逻辑功能:

a. 异步置位及复位功能的测试。

b. 逻辑功能的测试。

④ 将 JK 触发器转换为 D 触发器并测试其功能。

⑤ 将 JK 触发器转换成 T 触发器并测试其功能。

a. 分析 JK 触发器、T 触发器各输入变量和输出变量之间的关系,再将两触发
器分析对比看有何联系。

b. 通过实验列出真值表来验证所设计的电路是否将 JK 触发器转换成 T 触
发器。

5. 注意事项

① 注意各芯片的外引脚接线。

② 注意处理好各触发器的直接置“0”和直接置“1”端。

6. 思考题

① 在实验中设置$\overline{S_D}$和$\overline{R_D}$端信号时应注意什么问题?

② D 触发器和 JK 触发器的逻辑功能和触发方式有何不同?

③ D 触发器如何转换为 JK 触发器和 T 触发器?

实验 6.5　SSI 时序逻辑电路

1. 实验目的

掌握用 SSI(小规模数字集成电路)构成的时序逻辑电路的分析与设计方法。

2. 实验仪器与器件

① 数电实验箱。

② 双踪示波器。

③ 数字万用表。

④ 与非门 74LS00。

⑤ JK 触发器 74LS76。

⑥ D 触发器 74LS74。

3. 实验原理与参考电路

(1) 时序逻辑电路

时序逻辑电路又简称为时序电路。这种电路的输出不仅与当前时刻电路的
外部输入有关,而且还和电路过去的输入情况(或称电路原来的状态)有关。时

序逻辑电路与组合逻辑电路最大的区别在于它有记忆性,这种记忆功能通常是由触发器构成的存储电路来实现的。图 6.15 为时序电路组成示意图,它是由门电路和触发器构成的,其中触发器是必不可少的。触发器本身就是最简单的时序电路。

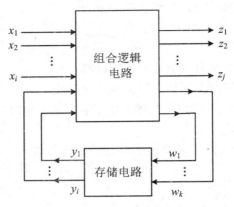

图 6.15　时序电路组成示意图

通常时序电路又分为同步和异步两大类。在同步时序电路中,所有触发器的状态更新都是在同一个时钟脉冲作用下同时进行的。从结构上看,所有触发器的时钟端都接同一个时钟脉冲源。在异步时序电路中,各触发器的状态更新不是同时发生,而是有先有后,因为各触发器的时钟脉冲不同,不像同步时序电路那样接到同一个时钟源上。某些触发器的输出往往又作为另一些触发器的时钟脉冲,这样只有在前面的触发器更新状态后,后面的触发器才有可能更新状态。这正是所谓"异步"的由来。对于那些由非时钟触发器构成的时序电路,由于没有同步信号,所以均属异步时序电路(亦称为电平异步时序电路)。

（2）时序逻辑电路的分析方法

时序逻辑电路的分析是指根据给出时序电路的逻辑图,求解该电路逻辑功能的过程。

分析的步骤:

① 写方程式,包括时钟方程、驱动方程和输出方程。

② 将驱动方程代入相应触发器的特性方程中,得到时序逻辑电路的状态方程。

③ 画状态转换图和时序图。

④ 根据状态转换图说明电路的逻辑功能。

（3）时序逻辑电路的设计方法

时序电路设计是时序电路分析的逆过程,即根据给定的逻辑功能要求,选择适当的逻辑器件,设计出符合要求的时序逻辑电路。

设计的步骤：

① 根据设计要求画出原始状态图。

② 状态化简。

③ 状态分配,确定触发器个数及类型。

④ 列出结合真值表。

⑤ 求出驱动方程和输出方程。

⑥ 画逻辑图。

⑦ 检查能否自启动。

以上是同步时序电路设计的基本步骤,异步时序电路设计中与之唯一的区别在于时钟脉冲的选取上。在异步时序电路中,由于各触发器不是同时翻转的,所以要为每个触发器选择一个合适的时钟脉冲信号,这在同步时序电路设计中是不需要考虑的。各时钟信号选择是否恰当,将直接影响电路的复杂程度。选择的原则是：第一,在触发器状态需要更新时,必须有时钟脉冲到达;第二,在上述条件下,其他时间内送来的脉冲越少越好。这有利于驱动方程的化简。各触发器时钟脉冲的选择通常是在时序图上进行的。

4. 实验内容和步骤

① 按图 6.16 所示电路连线,测试该电路逻辑功能,并分析结果。

CP 用单脉冲源输入,触发器状态和输出端 Z 用指示灯显示(发光二极管),观察二个触发器状态和输出端 Z 所接指示灯的变化情况,并自拟表格记录。

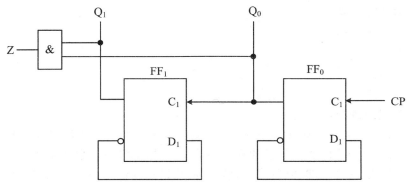

图 6.16 某电路逻辑图

② 用 74LS74 双 D 触发器构成一个同步三进制加法计数器,并进行逻辑功能的测试。

a. CP 用单脉冲源输入,触发器状态用指示灯显示,观察两个触发器输出所接指示灯的变化情况,并自拟表格记录。

b. CP 用连续脉冲源输入,用示波器观察比较各触发器 Q 端与时种脉冲源的相对波形,并记录之。

③ 用 74LS76 双 JK 触发器构成一个同步六进制减法计数器,并进行逻辑功能的测试。

a. CP 用单脉冲源输入,触发器状态用指示灯显示,观察两个触发器输出端所接指示灯的变化情况,并自拟表格记录。

b. CP 用连续脉冲源输入,用示波器观察比较各触发器 Q 端与时种脉冲源的相对波形,并记录之。

5. 注意事项

① 注意各触发器异步端口的电平设置。

② 注意所设计的电路应能够自启动。

③ 实验中所测绘的波形,不仅要画出形状,而且要标出周期和幅值。

6. 思考题

① 在进行时序逻辑电路设计时,如何选择最佳设计方案?

② 如何用 74LS74 双 D 触发器构成一个异步三进制加法计数器?

实验 6.6　　MSI 时序逻辑电路

1. 实验目的

① 掌握中规模集成计数器 74LS90、74LS161 的逻辑功能和使用方法。

② 掌握用中规模集成计数器构成任意进制计数器的方法。

2. 实验仪器与器件

① 数电实验箱。

② 双踪示波器。

③ 数字万用表。

④ 74LS90。

⑤ 74LS161。

3. 实验原理与参考电路

计数器是一种中规模集成电路,其种类有很多。如果按各触发器翻转的次序分类,计数器可分为同步计数器和异步计数器两种;如果按计数数字的增减可分为加法计数器、减法计数器和可逆计数器 3 种;如果按计数器进位规律又可分为二进制计数器、十进制计数器、N 进制计数器等多种。

(1) 四位二进制同步计数器 74LS161

74LS161 的外引线排列图和功能表分别如图 6.17 和表 6.7 所示。

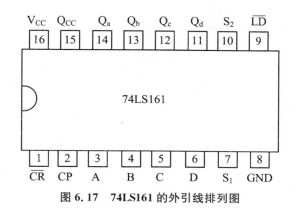

图 6.17　74LS161 的外引线排列图

表 6.7

输　入					输　出
CP	$\overline{LD}$	$\overline{CR}$	S_1	S_2	Q
×	×	0	×	×	0
↑	0	1	×	×	置　数
↑	1	1	1	1	计　数
×	1	1	0	×	保·持
×	1	1	×	0	保　持

　　从功能表中可看到,当 $\overline{C_r}$ 为低电平时实现异步复位(清零)功能,即复位不需要时钟信号。当 $\overline{LD}$ 为低电平时,计数器随着 CP 脉冲的到来置数,实现同步置数功能。当 $\overline{C_r}$ 和 $\overline{LD}$ 都为无效电平,CP 脉冲上升沿到来时,74LS161 实现十六进制加法计数功能。

　　(2)异步二—五—十进制计数器 74LS90

　　图 6.18 和表 6.8 所示为 74LS90 的外引线排列图和逻辑功能表。

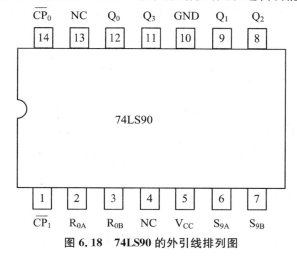

图 6.18　74LS90 的外引线排列图

表 6.8

输　入					输　出			
$\overline{CP}$	$R_0(A)$	$R_0(B)$	$R_9(A)$	$R_9(B)$	Q_3	Q_2	Q_1	Q_0
$\times$	1	1	0	$\times$	0	0	0	0
$\times$	1	1	$\times$	0	0	0	0	0
$\times$	0	$\times$	1	1	1	0	0	1
$\times$	$\times$	0	1	1	1	0	0	1
$\downarrow$	$\times$	0	$\times$	0	计　数			
$\downarrow$	0	$\times$	0	$\times$	计　数			
$\downarrow$	0	$\times$	$\times$	0	计　数			
$\downarrow$	$\times$	0	0	0	计　数			

当计数脉冲由 $\overline{CP_0}$ 输入，Q_0 作为输出时，构成二进制计数器（也称二分频电路）；当计数脉冲由 $\overline{CP_1}$ 输入，Q_3，Q_2，Q_1 作为输出时，构成五进制计数器；如果将输出 Q_0 与 $\overline{CP_1}$ 相连，$Q_3 \sim Q_0$ 作为输出，则构成 8421 码的十进制计数器，如果将输出 Q_3 与 $\overline{CP_0}$ 相连，则构成 5421 码的十进制计数器。

（3）任意进制计数器的构成

在数字集成电路中有许多型号的计数器产品，可以用这些数字集成电路来实现所需的计数功能和时序逻辑功能。设计时有两种方法，一种为反馈清零法，另一种为反馈置数法。

① 反馈清零法：

反馈清零法是利用反馈电路产生一个复位信号给集成计数器，使计数器各输出端清零。反馈电路一般是组合逻辑电路，计数器输出部分或全部作为其输入，在计数器一定的输出状态下即时产生复位信号，使计数电路同步或异步复位。反馈清零法的逻辑框图见图 6.19。

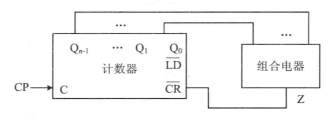

图 6.19　反馈清零法框图

② 反馈置数法：

反馈置数法是将反馈逻辑电路产生的信号送到计数器的置位端，在计数器一定的输出状态下即时产生置位信号，使计数器同步或异步置位。其逻辑框图如

图 6.20 所示。

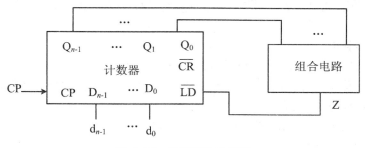

图 6.20　反馈置数法框图

4. 实验内容和步骤

（1）测试集成计数器 74LS90 的逻辑功能

① 测试异步清零和异步置九功能，CP 脉冲选用 1 Hz 正弦波，输出接显示译码器。

② 测试其二分频、五分频、十分频（8421）、十分频（5421）计数功能，CP 选用 1 kHz 连续脉冲，输出接显示译码器。

（2）观察 74LS161 十二进制功能

用 74LS161 构成同步十二进制计数器，CP 端送入单次脉冲，输出接显示译码器，观察并记录分析其计数状态（利用反馈清零法设计）。

（3）观察 74LS161 十进制功能

用 74LS161 构成十进制计数器，CP 端送入 100 kHz 的连续脉冲，用示波器双踪观察并记录计数的时序波形图（利用反馈置数法设计）。

（4）观察 74LS90 六进制功能

用 74LS90 实现六进制计数功能，分别用显示译码器和示波器双踪观察并记录分析其计数状态。

① 异步清零法。

② 异步置九法。

5. 注意事项

① 注意各计数器置数、清零端口是异步还是同步。

② 注意各计数器置数、清零端口的有效电平。

③ 实验中所测绘的波形，不仅要画出形状，而且要标出周期和幅值。

6. 思考题

① 计数器的置数、清零端口是异步还是同步对构成任意进制计数器有何影响？

② 用两片 74LS161 及门电路怎样连接可组成 256 进制异步计数器？

③ 如何用 74LS90 设计出一个 24 进制计数器？

实验 6.7   移位寄存器功能测试及应用

1. 实验目的

① 掌握中规模 4 位双向寄存器逻辑功能及使用方法。

② 熟悉移位寄存器的应用,实现数据的串行、并行转换和构成环形计数器。

2. 实验仪器与器件

数电实验箱、双踪示波器、数字万用表、74LS194 一片。

3. 预习要求及思考题

（1）预习要求

① 复习有关寄存器有关内容。

② 熟悉 74LS194 逻辑功能及引脚排列。

③ 用 Multisim 软件对实验进行仿真并分析实验是否成功。

（2）思考题

① 使寄存器清零,除采用 $\overline{C_R}$ 输入低电平外,可否采用右移或左移的方法？可否使用并行送数法？若可行,应如何进行操作？

② 环行计数器的最大优点和缺点是什么？

4. 实验原理

① 位寄存器是一个具有移位功能的寄存器,是指寄存器中所存的代码能够在移位脉冲的作用下依次左移或右移。既能左移又能右移的称为双向移位寄存器,只需要改变左、右移的控制信号便可实现双向移位要求。根据移位寄存器存取信息的方式不同分为:串入串出、串入并出、并入串出、并入并出 4 种形式。

本实验选用的 4 位双向通用移位寄存器,型号为 CC40194 或 74LS194,两者功能相同,可互换使用,其逻辑符号及引脚图如图 6.21 所示。

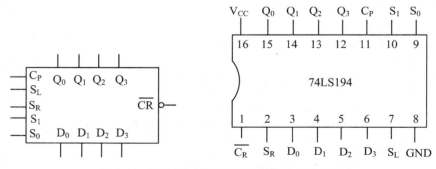

图 6.21   74LS194 的逻辑符号图及引脚功能图

图 6.21 中 D_0,D_1,D_2,D_3 为并行输入端；Q_0,Q_1,Q_2,Q_3 为并行输出端；S_R 为右移串行输入端；S_L 为左移串行输入端；S_0,S_1 为操作模式控制端；$\overline{C_R}$ 为直接无条件清

零端;C_P 为时钟脉冲输入端。

74LS194 有 5 种不同操作模式:即并行送数寄存,右移(方向由 $Q_0 \rightarrow Q_3$),左移(方向由 $Q_3 \rightarrow Q_0$),保持及清零。

S_1,S_0 和 $\overline{C_R}$ 端的控制作用如表 6.9 所示。

表 6.9

功能	输　　入										输　　出			
	C_P	$\overline{C_R}$	S_1	S_0	S_R	S_L	D_0	D_1	D_2	D_3	Q_0	Q_1	Q_2	Q_3
清零	$\times$	0	$\times$	$\times$	$\times$	$\times$	$\times$	$\times$	$\times$	$\times$	0	0	0	0
送数	$\uparrow$	1	1	1	$\times$	$\times$	a	b	c	d	a	b	c	d
右移	$\uparrow$	1	0	1	D_{SR}	$\times$	$\times$	$\times$	$\times$	$\times$	D_{SR}	Q_0	Q_1	Q_2
左移	$\uparrow$	1	1	0	$\times$	D_{SL}	$\times$	$\times$	$\times$	$\times$	Q_1	Q_2	Q_3	D_{SL}
保持	$\uparrow$	1	0	0	$\times$	$\times$	$\times$	$\times$	$\times$	$\times$	Q_0^n	Q_1^n	Q_2^n	Q_3^n
保持	$\downarrow$	1	$\times$	$\times$	$\times$	$\times$	$\times$	$\times$	$\times$	$\times$	Q_0^n	Q_1^n	Q_2^n	Q_3^n

② 移位寄存器应用很广,可构成移位寄存器型计数器;顺序脉冲发生器;串行累加器;可用数据转换,即把串行数据转换为并行数据,或把并行数据转换为串行数据等。本实验研究移位寄存器用作环形计数器和数据的串、并行转换。

(1)环行计数器

把移位寄存器的输出反馈到它的串行输入端,就可以进行循环移位。

(2)实现数据、并行转换器

① 串行／并行转换器:

串行／并行转换器是指串行输入的数码,经转换电路之后变换成并行输出。

② 并行／串行转换器:

并行／串行转换器是指并行输入的数码经转换电路之后,换成串行输出。

5. 实验内容

(1)测试 74LS194 的逻辑功能并完成表 6.10

按图 6.21 所示接线,$\overline{C_R}$,S_1,S_0,S_L,S_R,D_0,D_1,D_2,D_3 分别接至逻辑开关;Q_0,Q_1,Q_2,Q_3 接至发光二极管。C_P 端接单次脉冲源。按表 6.9 所规定的输入状态,逐项进行测试。

74LS194 逻辑功能测试:

① 清除:令 $\overline{C_R}=0$,其他输入均为任意态,这时寄存器输出 Q_0,Q_1,Q_2,Q_3 应均为 0。清除后,至 $\overline{C_R}=1$。

② 送数:令 $\overline{C_R}=S_1=S_0=1$,送入任意 4 位二进制数,如 D_0,D_1,D_2,$D_3=abcd$,加 C_P 脉冲,观察 $C_P=0$,C_P 由 $1 \rightarrow 0$ 三种情况下寄存器输出状态的变化,观察寄存输出状态变化是否发生在 C_P 脉冲的上升沿。

③ 右移:清零后,令$\overline{C_R}=1,S_1=0,S_0=1$,由右移输入端 S_R 送入二进制数码如 0100,由 C_P 端连续加 4 个脉冲,观察输出情况,记录之。

④ 左移:先清零或预置,再令$\overline{C_R}=1,S_1=1,S_0=0$,由左移 输入端 S_L 送入二进制数码如 1111,连续加 4 个 C_P 脉冲,观察输出端情况,记录之。

⑤ 保持:寄存器预置任意 4 位二进制数码 abcd,令$\overline{C_R}=1,S1=S0=0$,加 C_P 脉冲,观察寄存器输出状态,记录之。

表 6.10

清除	模	式	时钟	串	行	输		入		输		出		功能
C_R	S_1	S_0	C_P	S_R	S_L	D_0	D_1	D_2	D_3	Q_0	Q_1	Q_2	Q_3	总结
0	×	×	×	×	×	×	×	×	×					
1	1	1	↑	×	×	a	b	c	d					
1	0	1	↑	0	×	×	×	×	×					
1	0	1	↑	1	×	×	×	×	×					
1	0	1	↑	0	×	×	×	×	×					
1	0	1	↑	0	×	×	×	×	×					
1	1	0	↑	×	1	×	×	×	×					
1	1	0	↑	×	1	×	×	×	×					
1	1	0	↑	×	1	×	×	×	×					
1	1	0	↑	×	1	×	×	×	×					
1	0	0	↑	×	×	×	×	×	×					

(2) 环形计数器

自拟实验步骤. 用并行送数法预置寄存器为某二进制数码(如 0100),然后进行右移循环,观察寄存器输出端状态的变化,记入表 6.11 中。

表 6.11

C_P	Q_0	Q_1	Q_2	Q_3
0	0	1	0	0
1				
2				
3				
4				

6. 实验报告要求

① 根据实验内容 1 的实验步骤完成表 6.10。

② 根据实验内容 2 的实验步骤完成表 6.11,并画出 4 位环形计数器的状态转换图及波形图。

实验 6.8　脉冲的产生与整形电路

1. 实验目的

① 掌握 555 定时器的性能。

② 了解 555 定时器的典型应用。

2. 实验仪器及材料

数电实验箱、双踪示波器、数字万用表、555 定时器、电容。

3. 预习要求

① 了解 555 定时器的外引线排列和功能。

② 复习 555 定时器的电路结构、工作原理和功能以及用 555 定时器构成施密特触发器的电路结构、工作原理和工作波形。

4. 实验原理

(1) 555 定时器的引脚功能

555 定时器的引脚功能如图 6.22 所示。

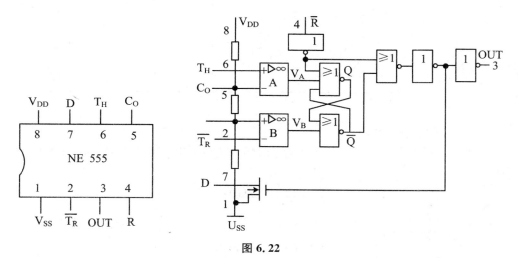

图 6.22

(2) 555 定时器的工作原理

555 定时器是一种数字与模拟混合型的中规模集成电路,应用广泛。外加电阻、电容等元件可以构成多谐振荡器、单稳电路、施密特触发器等。

555 定时器原理图及引线排列如图 6.22 所示,其功能见表 6.12。定时器内部由比较器、分压电路、R_S 触发器及放电三极管等组成。分压电路由 3 个 5 kΩ 的电阻构成,分别给 A_1 和 A_2 提供参考电平 $\frac{2}{3} V_{CC}$ 和 $\frac{1}{3} V_{CC}$。A_1 和 A_2 的输出端控制 R_S 触发器状态和放电管开关状态。当输入信号自 6 脚输入大于 $\frac{2}{3} V_{CC}$ 时,触发器复位,3 脚输出为低电平,放电管 T 导通;当输入信号自 2 脚输入并低于 $\frac{1}{3} V_{CC}$ 时,触发器置位,3 脚输出高电平,放电管截止。

4 脚是复位端,当 4 脚接入低电平时,则 $V_0 = 0$;正常工作时 4 接为高电平。

5 脚为控制端,平时输入 $\frac{2}{3} V_{CC}$ 作为比较器的参考电平,当 5 脚外接一个输入电压,即改变了比较器的参考电平,从而实现对输出的另一种控制。如果不在 5 脚外施加电压,则通常接 $0.01~\mu F$ 电容到地,起滤波作用,以消除外来的干扰,确保参考电平的稳定。

表 6.12 555 定时器的功能表

输　入			输　出	
阈值输入⑥	触发输入②	复位④	输出③	放电管 T⑦
X	X	0	0	导通
$< \frac{2}{3} V_{CC}$	$< \frac{1}{3} V_{CC}$	1	1	截止
$> \frac{2}{3} V_{CC}$	$> \frac{1}{3} V_{CC}$	1	0	导通
$< \frac{2}{3} V_{CC}$	$> \frac{1}{3} V_{CC}$	1	不变	不变

（3）施密特电路

① 电路结构:

将 T_H（6 脚）和 T_R（2 脚）相连作为信号输入端即可构成施密特触发器,如图 6.23 所示。

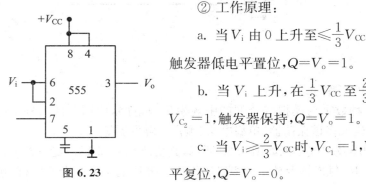

图 6.23

② 工作原理:

a. 当 V_i 由 0 上升至 $\leqslant \frac{1}{3} V_{CC}$ 时,$V_{C_1} = 1$,$V_{C_2} = 0$,触发器低电平置位,$Q = V_o = 1$。

b. 当 V_i 上升,在 $\frac{1}{3} V_{CC}$ 至 $\frac{2}{3} V_{CC}$ 之间,$V_{C_1} = 1$,$V_{C_2} = 1$,触发器保持,$Q = V_o = 1$。

c. 当 $V_i \geqslant \frac{2}{3} V_{CC}$ 时,$V_{C_1} = 1$,$V_{C_2} = 0$,触发器低电平复位,$Q = V_o = 0$。

d. 当 V_i 由 V_{CC} 下降至 $\leqslant \frac{1}{3} V_{CC}$ 时，$V_{C_1} = 1$，$V_{C_2} = 0$，触发器低电平置位，$Q = V_o = 1$。

若输入电压的波形是个三角波，在输入端外接三角波 V_i，当 V_i 上升到 $\frac{2}{3} V_{CC}$ 时，输出 V_o 从高电平翻转为低电平；当 V_i 下降到 $\frac{1}{3} V_{CC}$ 时，输出 V_o 从低电平翻转为高电平。施密特触发器将输入的三角波整形为矩形波输出。电路的工作波形如图 6.24 所示。

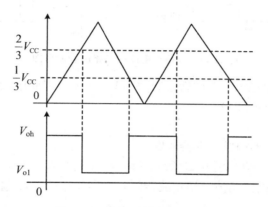

图 6.24　施密特触发器波形图

回差电压：

$$\Delta V = \frac{2}{3} V_{CC} - \frac{1}{3} V_{CC} = \frac{1}{3} V_{CC}$$

（1）单稳态电路

单稳态电路的组成和波形如图 6.25 所示。当电源接通后，V_{CC} 通过电阻 R 向电容 C 充电，待电容上电压 V_C 上升到 $\frac{2}{3} V_{CC}$ 时，RS 触发器置 0，即输出 V_o 为低电平，同时电容 C 通过三极管 T 放电。当触发端②的外接输入信号电压 $V_i < \frac{1}{3} V_{CC}$ 时，RS 触发器置 1，即输出 V_o 为高电平，同时，三极管 T 截止。电源 V_{CC} 再次通过 R 向 C 充电。输出电压维持高电平的时间取决于 RC 的充电时间，当 $t = t_w$ 时，电容上的充电电压为

$$V_C = V_{CC}\left(1 - e^{-\frac{t_w}{RC}}\right) = \frac{2}{3} V_{CC}$$

所以输出电压的脉宽

$$t_w = RC \ln 3 \approx 1.1 RC$$

一般 R 取 $1\,\text{k}\Omega \sim 10\,\text{M}\Omega$，$C > 1\,000\,\text{pF}$。

值得注意的是：t 的重复周期必须大于 t_w，才能保证放一个正倒置脉冲起作

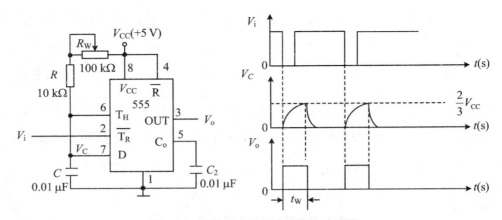

图 6.25　单稳态电路的电路图和波形图

用。由上式可知,单稳态电路的暂态时间与 V_{CC} 无关。因此用 555 定时器组成的单稳电路可以作为精密定时器。

5. 实验内容

① 用 555 定时器构成施密特触发器:

将 555 定时器接成如图 6.23 所示的电路,在其 2 管脚上加输入信号 V_i(V_i 为 0~5 V、$f=1$ kHz 的三角波),用示波器同时观察并记录 V_i(2 管脚)、V_o(3 管脚)的波形。

② 按图 6.25 所示用 555 集成定时器构成单稳态电路。

当 $C=0.01$ μF 时,选择合理输入信号 V_i 的频率和脉宽,调节 R_W 以保证 $T>t_W$,使每一个正倒置脉冲起作用。加输入信号后,用示波器观察 V_i、V_C 以及 V_o 的电压波形,比较它们的时序关系,绘出波形,并在图中标出周期、幅值、脉宽等。

6. 实验报告要求

整理实验数据,画出实验内容中所要求画的波形,按时间坐标对应标出波形的周期、脉宽和幅值等。

① 按实验内容的各个步骤要求整理相关实验数据。

② 记录实验原始数据并附在实验报告后面。

③ 总结 555 时基电路组成的典型电路及使用方法。

7. 注意事项

① 单稳态电路的输入信号选择要特别注意。V_i 的周期 T 必须大于 V_o 的脉宽 t_W,并且低电平的宽度要小于 V_o 的脉宽 t_W。

② 所有需绘制的波形图均要按时间坐标对应描绘,而且要正确选择示波器的 AC,DC 输入方式,才能正确描绘出所有波形的实际面貌。在图中标出周期、脉宽以及幅值等。

实验 6.9　字段译码器逻辑功能测试及应用

1. 实验目的

① 掌握七段译码驱动器 74LS47 逻辑功能。

② 掌握 LED 七段数码管的判别方法。

③ 熟悉常用字段译码器的典型应用。

2. 实验仪器及材料

数电实验箱、双踪示波器、数字万用表、译码器 74LS47 一片、共阳数码管一个。

3. 实验原理

（1）七段发光二极管（LED）数码管

LED 数码管是目前最常用的数字显示器,图 6.26(a)、图 6.26(b)所示分别为共阴管和共阳管的电路,图 6.26(c)所示为两种不同出线形式的引出脚功能图。

一个 LED 数码管可用来显示一位 0~9 十进制数和一个小数点。小型数码管[0.5 英寸(1.27 cm)和 0.36 英寸(0.91 cm)]每段发光二极管的正向压降,随显示光(通常为红、绿、黄、橙色)的颜色不同略有差别,通常为 2~2.5 V,每个发光二极管的点亮电流在 5~10 mA。LED 数码管要显示 BCD 码所表示的十进制数字就需要有一个专门的译码器,该译码器不但要完成译码功能,还要有相当的驱动能力。

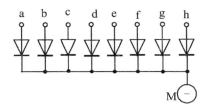

(a) 共阴连接("1"电平驱动)

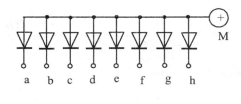

(b) 共阳连接("0"电平驱动)

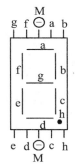

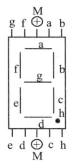

(c) 符号及引脚功能

图 6.26　LED 数码管

（2）BCD 码七段译码驱动器

此类译码器型号有 74LS47（共阳）、74LS48（共阴）、CC4511（共阴）等,本实验系采用 74LS47/七段译码/驱动器。驱动共阳极 LED 数码管。图 6.27 所示为 74LS47 引脚排列,其功能见表 6.13。其中 A,B,C,D 为 BCD 码输入端; a,b,c,d, e,f,g 为译码输出端,输出"0"有效,用来驱动共阳极 LED 数码管。

$\overline{B_I}$：消隐输入端,$\overline{B_I}$="0"时,译码输出全为"1"。

$\overline{L_T}$：测试输入端,$\overline{B_I}$="1",$\overline{L_T}$="0"时,译码输出全为"0"。

$\overline{R_{BI}}$：当 $\overline{B_I}=\overline{L_T}=1$,$\overline{R_{BI}}=0$ 时,输入 DCBA 为 0000,译码输出全为"1",而 DCBA 为其他各种组合时,正常显示,它主要用来熄灭无效的前零和后零。

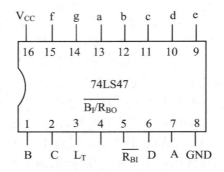

图 6.27 74LS47 引脚排

表 6.27

输　入							输　出							
$\overline{R_{BI}}$	$\overline{L_T}$	$\overline{B_I}/R_{BO}$	D	C	B	A	a	b	c	d	e	f	g	字形
×	×	0	×	×	×	×	1	1	1	1	1	1	1	消隐
×	0	1	×	×	×	×	0	0	0	0	0	0	0	8
1	1	1	0	0	0	0	0	0	0	0	0	0	1	0
×	1	1	0	0	0	1	1	0	0	1	1	1	1	1
×	1	1	0	0	1	0	0	0	1	0	0	1	0	2
×	1	1	0	0	1	1	0	0	0	0	1	1	0	3
×	1	1	0	1	0	0	1	0	0	1	1	0	0	4
×	1	1	0	1	0	1	0	1	0	0	1	0	0	5
×	1	1	0	1	1	0	1	1	0	0	0	0	0	6
×	1	1	0	1	1	1	0	0	0	1	1	1	1	7
×	1	1	1	0	0	0	0	0	0	0	0	0	0	8

续表

输　　入							输　　出							
×	1	1	1	0	0	1	0	0	0	1	1	0	0	𝟵
×	1	1	1	0	1	0	1	1	1	0	0	1	0	
×	1	1	1	0	1	1	1	1	0	0	1	1	0	
×	1	1	1	1	0	0	1	0	1	1	0	0	0	
×	1	1	1	1	0	1	0	1	1	0	1	0	0	
×	1	1	1	1	1	0	1	1	1	0	0	0	0	
×	1	1	1	1	1	1	1	1	1	1	1	1	1	消隐
0	1	0	0	0	0	0	1	1	1	1	1	1	1	灭零

$\overline{R_{BO}}$：当本位的"0"熄灭时，$\overline{R_{BO}}=0$，在多位显示系统中，它与下一位的$\overline{R_{BI}}$相连，通知下位如果是零也可熄灭。

4. 实验内容

（1）集成七段显示译码器的功能测试

按照图 6.28 所示线路连线，输出端接数码管，对照功能表逐项进行测试，并将实验结果与功能表进行比较。

（2）LED 七段数码管的判别方法

① 共阳共阴的判别及好坏判别：

先确定显示器的两个公共端，两者是相通的。这两端可能是两个地端（共阴极），也可能是两个 V_C 端（共阳极），用万用表像判别普通二极管正、负极那样判断，即可确定出是共阳还是共阴，好坏也随之确定。

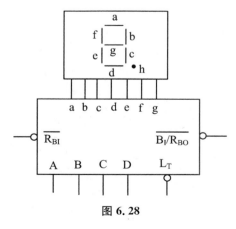

图 6.28

② 字段引脚判别：

将共阴显示器接地端和万用表的黑表笔相接触，万用表的红表笔接触七段引脚之一,则根据发光情况可以判别出 a,b,c 等七段。对于共阳显示器,先将它的 Vcc 和万用表的红表笔相接触,万用表的的黑表笔分别接显示器各字段引脚,则七段之一分别发光,从而判断之。

5. 实验报告要求

① 总结出 74LS74 各功能端的作用。

② 画出共阴、共阳七段数码管的原理图。

③ 总结共阳、共阴的判别及好坏的判别方法。

第3篇 综合与设计实验

第 7 章　综合与设计实验基本知识

第 8 章　模拟电子电路综合设计性实验

第 9 章　数字电路综合设计性实验

面向 21 世纪的电子技术教学,应当是重基础、重设计、重创新的,为此在实验课中增加了综合设计的实验教学环节。通过综合设计实验,使学生不仅受到设计思想、设计技能、调试技能与实验研究技能的训练,还可以提高学生的自学能力及运用基础理论去解决工程实际问题的能力,激发学生的创新精神,提高学生的全面素质。

第7章　综合与设计实验基本知识

电子电路的设计主要是满足性能指标要求的总体方案的选择、各个部分原理电路设计、参数值计算、电路实验与调试以及参数修改、调整等等环节。这是各类电子产品和各种应用电子电路研制过程中必不可少的设计过程。因此,电子电路设计在电子应用工程领域里占有很重要的地位。

7.1　概　　述

电子电路设计性实验作为"电子基础实验"课程的一部分,其实验内容仍然是以电子技术基础的基本理论为指导,把若干个模、数基本单元电路组成能完成一定功能的应用电路的设计与调试。

7.1.1　设计性实验内容

在设计过程中学生除需熟悉掌握常用电子仪器的基本操作、使用技能和测试方法外,还要学习电子电路计算机辅助分析与设计方法。电子电路分析与设计的软件很多,应用较为广泛的是 PSPICE 电子电路专用分析软件和系统编程 ISP 开发软件。

设计性实验是指完成满足一定性能指标、逻辑功能或特定应用功能的电路的设计、安装与调试过程。在实验中,要求学生做到以下几点:

① 查阅有关的参考资料。

② 学习有关的软件。

③ 针对实验课题中提出的任务进行设计和调试。

④ 必须完成规定的基本设计任务。在基本要求内容完成后,才能进行选做内容。

⑤ 最后写出总结报告。

由于设计性实验本身具有较大灵活性,加之学生的学习基础、动手能力、对电子技术的兴趣等方面都可能存在较大的差别。在实施中,难免会出现时间安排不一样、进度不一样、完成工作量不一样的现象。因此应根据实验设施的硬件条件和学生情况因材施教。

7.1.2 总结报告

完成每一设计课题后,每人必须写出一份总结报告。总结报告中应包括以下内容:

① 设计任务和要求。

② 方案论证。

③ 电路原理图的设计和主要参数的计算。

④ 元器件的选择。

⑤ 整理出实验测试数据与实验波形,分析是否满足设计要求。

⑥ 收获、体会与建议。

⑦ 参考文献。

7.1.3 电子电路设计注意事项

在生产过程中,自动控制、检测及工控系统等往往工作在被各种电磁干扰严重污染的环境里,为了提高电路的工作稳定性,通常会在硬件电路设计中加一些开关起到消除抖动、保护接地点、抑制尖峰电流等作用,尽量采用一些抗干扰措施。

7.2 电子电路设计的一般方法

在设计一个常用的电子电路时,首先必须明确设计任务,根据设计任务按图7.1所示的一般电子电路设计步骤示意图进行设计。但电子电路的种类很多,器件选择的灵活性很大,因此设计方法和步骤也会因情况而有所区别。有些步骤需要交叉进行,甚至反复多次,设计者应根据具体情况,灵活掌握。下面就设计步骤的一些环节作具体说明。

7.2.1 方案论证与总体设计

所谓总体设计是指针对所提出的任务、要求和条件,用具有一定功能的若干单元电路构成一个整体,来实现系统的各项性能。显然,符合要求的总体设计方案不止一个,应该针对设计的任务和要求,查阅资料,利用掌握的知识提出几种不同的可行性方案,然后逐个分析每个方案的优缺点,加以比较,进行方案论证,择优选用。

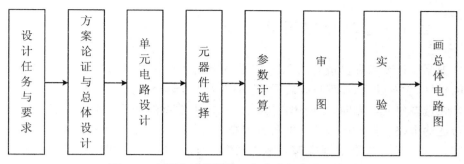

图 7.1　电子电路设计的一般方法与步骤示意图

7.2.2　器件的选择

电子电路的设计,从某种意义上来讲,就是选择最合适的元器件。不仅在设计单元电路、计算参数时要考虑选什么样的元器件合适,而且在提出方案,分析、比较方案的优缺点作方案论证时,还要首先考虑选用哪些元器件以及它们的性价比如何。因此,在设计过程中,选择好元器件是很重要的一步。

众所周知,由于集成电路具有体积小、功耗低、工作性能好、安装调试方便等一系列优点而得到了广泛的应用,成为现代电子电路重要组成部分之一。因此,在电子电路设计中,优先选用集成电路已被人们所认可。例如,在模拟电子电路中,有大量的模拟信号需要进行处理,如交、直流放大、线性检波、振荡、有源滤波、运算等。而品种繁多,功能齐全的各类模拟集成电路为应用这些电路提供了极大的便利性与灵活性。相比之下,若改用分支元件来实现这些功能电路,当然要逊色许多。但是也不要以为采用集成电路就一定比用分支元件好。例如,有些功能很简单的电路,只要用一只三极管或二极管就能解决问题,此时就不必选用集成电路了,如数字电路中的缓冲、倒相、驱动等应用场合就是如此。另外有些特殊情况(如高电压、大电流输出),采用分支元件往往比用集成电路更切合实际。

7.2.3　参数计算

电路设计时除了对电路的性能指标有要求外,通常没有其他任何已知参数,几乎全由设计者自己选择和计算,这样理论上能满足要求的参数值的就不会只有唯一的方案,这就需要设计者根据价格、货源等具体情况灵活选择。所以设计电路中的参数计算,首先是计算,然后是根据计算值,对参数进行合理选择。

7.2.4　电路原理图的设计

根据设计要求和已选定的总体方案,明确对各单元电路的要求,在完成单元电路的设计、参数计算、器件选择之后,进一步画出总体电路图。

在选择单元电路时,最简单的办法是从过去学过的和所了解的电路中选择一个合适的电路。同时还应去查阅各种资料,通过学习、比较来寻找更好的电路设计方案。一个好的电路结构应该是满足性能指标的要求,功能齐全,结构简单、合理等。

7.2.5　安装调试

上述仅仅是对电子电路的理论设计,还要根据理论分析的结果,对电路进行安装调试。电子电路的安装调试在电子工程技术中居于重要的地位,它是把理论付诸实践的过程,也是将知识转化为能力的重要途径。当然这一过程也是对理论设计做出检验、修改,使之更加完善的过程。安装调试工作能否顺利进行,除了与设计者掌握的调试测量技术、对测试仪器的熟练使用程度以及对所设计电路的理论掌握水平等有关之外,还与设计者工作中的态度是否认真、仔细、耐心有关。

整体电路的调试主要是观察动态结果,测试电路的性能指标,检查电路的测试指标与设计指标是否相符,逐一对比,找出问题,然后进一步修改参数,直至满意为止。实验调试完结之后,还应注意最后校核与完善总体电路图。

第8章 模拟电子电路综合设计性实验

实验 8.1 水温控制系统的设计

1. 设计任务

要求设计一个温度控制器,其主要技术指标如下:

① 测温和控温范围:室温约 80 ℃(实时控制)。

② 控温精度:±1 ℃。

③ 控温通道输出为双向晶闸管或继电器,接点容量为 220 V/10 A。

2. 基本原理及电路设计

温度控制器的基本组成如图 8.1 所示。本电路由温度传感器、K—℃变换、温度设置、数字显示和输出功率级等部件组成。温度传感器的作用是把温度信号转换成电流或电压信号,K—℃变换器将绝对温度转换成摄氏温度,信号经放大和刻度定标后由 3 位半数字电压表直接显示温度值,并同时送入比较器与预先设定的固定电压(对应控制温度点)进行比较,由比较器输出电平的高低变化来控制执行机构(如继电器)工作,实现温度自动控制。

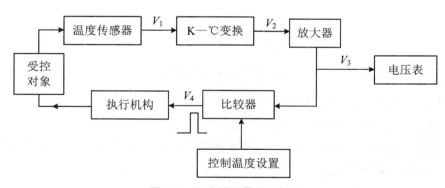

图 8.1 温度控制器原理框图

(1)温度传感器

温度传感器采用 AD590 集成温度传感器进行温度—电流转换,它是一种电流型二端器件,其内部已作修正,具有良好的互换性和线性。有消除电源波动的特性。输出阻抗达 100 MHz,转换当量为 1 μA/K。温度—电压变换电路如图 8.2 所示。

由图 8.2 可得:

$$V_{ol} = 1(\mu A/K) \times R = R \times 10^{-6}(V/K)$$

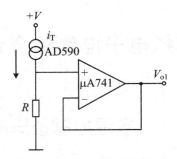

图 8.2　温度—电压变换电路

如 $R = 10\ \text{k}\Omega$，则 $V_{o1} = 10\ (\text{mV/K})$。

（2）K—℃变换

因为 AD590 的温控电流值是对应绝对温度的，而在温控中需要采用摄氏温度，由运放组成的加法器可实现这一转换，参考电路如图 8.3 所示。

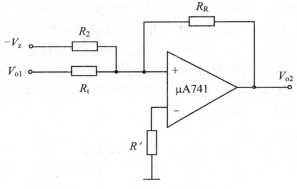

图 8.3　K—℃变换电路

（3）放大器和比较器

图 8.1 中的放大器是一个反相比例放大器，使其输出 V_{o1} 满足 $100\ \text{mV/℃}$。而比较器组成如图 8.4 所示，V_{REF} 为控制温度设定的电压，R_{f2} 用于改善比较器的迟滞特性，决定控制温度精度。

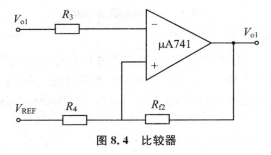

图 8.4　比较器

（4）继电器驱动电器电路

当被测温度超过设定温度时，继电器动作，使触点断开停止加热，反之当被测温度低于设置温度时，继电器触点闭合，进行加热。继电器驱动电器电路如图 8.5 所示。

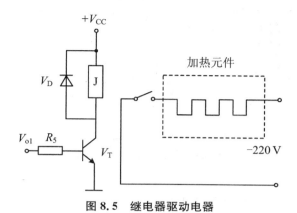

图 8.5　继电器驱动电器

3. 调试要点和注意事项

若取 $R=10\,\text{k}\Omega$，则 $V_{o1}=3\,\text{V}$，调整 V_R 的值使 $V_{o2}=-270\,\text{mV}$，若放大器的放大倍数为 10 倍，则 V_{o3} 应为 2.7 V。测比较器的比较电压 V_{REF} 值，使其等于所要控制的温度乘以 0.1，如设定温度为 50 ℃，测 V_{REF} 值为 5 V，比较器的输出可接 LED 指示。把温度传感器加热（可用电吹风吹）至温度小于设定值前，LED 应一直处于点亮状态，反之，则熄灭。若控温精度不良或过于灵敏造成继电器在被控点抖动，可改变电阻 R_{f2} 的值进行调整。

实验 8.2　简易心电图仪

1. 设计任务与要求

设计制作一个简易心电图仪，要求可测量人体心电信号并在示波器上显示出来，示意图如图 8.6 所示。

导联电极说明：

RA——右臂；LA——左臂；LL——左腿；RL——右腿。

第一路心电信号，即标准 I 导联的电极接法：RA 接放大器反相输入端（一），LA 接放大器同相输入端（＋），RI 作为参考电极，接心电放大器参考点。

第二路心电信号，即标准 B 导联的电极接法：RA 接放大器反相输入端（一），LL 接放大同相输入端（＋），RL 作为参考电极，接心电放大器参考点。

RA，LA，LL 和 RL 的皮肤接触电极分别通过 1.5 m 长的屏蔽导联线与心电信号放大器连接。

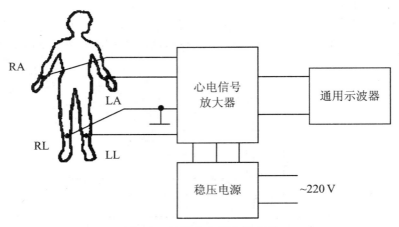

图 8.6　简易心电图仪示意图

（1）基本要求

① 制作一路心电信号放大器，技术指标如下：

a. 电压放大倍数 1 000，误差±5%。

b. 一3 dB 低频截止频率 0.05 Hz（可不测试，由电路设计予以保证）。

c. 一3 dB 高频截止频率 100 Hz，误差±10 Hz。

d. 频带内响应波动在±3 dB 之内。

e. 共模抑制比大于 60 dB（含 1.5 m 长的屏蔽导联线，共模输入电压范围为±7.5 V）。

f. 差模输入电阻大于 5 MΩ（可不测试，由电路设计予以保证）。

e. 输出电压动态范围大于±10 V。

② 按标准Ⅰ导联的接法对一位实验参与者进行实际心电图测量。

a. 能在示波器屏幕上较清晰地显示心电波形。心电波形大致如图 8.7 所示。

b. 实际测试心电时，放大器的等效输入噪声（包括 50 Hz 干扰）小于 400 pV（0～6）。

③ 设计并制作心电放大器所用的直流稳压电源。

直流稳压电源输出交流噪声小于 3 mV（峰-峰值，在对放大器供电条件下测试）。

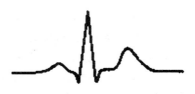

图 8.7　心电波示意图

（2）发挥部分

① 扩展为两路相同的心电放大器,可同时测量和显示标准Ⅰ导联和标准 B 导联两路心电图,并且能达到基本要求②的效果。

② 具有存储、回放已测心电图的功能。

③ 将心电信号放大器－3 dB 高频截止频率扩展到 500 Hz,并且能达到基本要求②的效果。

④ 将心电信号放大器共模抑制比提高到 80 dB 以上(含 1.5 m 长的屏蔽导联线)。

⑤ 其他。

2. 电路设计

（1）心电信号放大器设计

心电信号放大器的设计是使系统达到各项技术指标的关键环节。

① 基本差分放大电路存在的问题。

使用基本差分放大电路可以抑制共模干扰,但是,用图 8.8(a)所示电路测量人体心电信号存在以下两个问题:

a. 信号源电阻是变化的。以心电作为信号源的等效电路如图 8.8(b)所示,其中信号源电阻 R_{s1} 和 R_{s2} 包括电极与皮肤的接触电阻,肌肉、骨骼等组织的电阻。它们不但因各人的身体差异而有较大的不同,就同一个人来说,也随时间和环境的不同而变化,范围可能在千欧至兆欧数量级之间。这种情况下,心电信号的放大增益是极不稳定的。

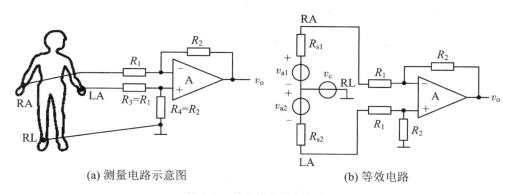

(a) 测量电路示意图　　　　(b) 等效电路

图 8.8　基本差分放大电路

b. 输入信号中含有很强的共模成分,主要是工频干扰。R_{s1} 和 R_{s2} 不可能相等,这会造成差分放大电路的共模抑制比急剧下降,共模干扰可能完全淹没微弱的差模心电信号。

② 仪表放大电路。

图 8.9 所示的三运放构成的仪表放大电路可解决上述问题。

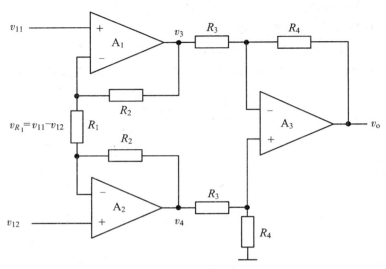

图 8.9 三运放组成的仪表放大电路

根据运放虚短和虚断的工作原理,从图 8.9 中可得

$$v_{R_1} = v_{11} - v_{12}$$

$$\frac{v_{R_1}}{R_1} = \frac{v_3 - v_4}{2R_2 + R_1}$$

故

$$v_3 - v_4 = \frac{2R_2 + R_1}{R_1} v_{R_1}$$

$$= \left(1 + \frac{2R_2}{R_1}\right)(v_{11} - v_{12})$$

由此可得

$$v_o = -\frac{R_4}{R_3}(v_3 - v_4)$$

$$= -\frac{R_4}{R_3}\left(1 + \frac{2R_2}{R_1}\right)(v_{11} - v_{12})$$

图 8.9 所示电路的第一级为电压串联负反馈放大,输入电阻很高,应等于运放 A_1 和 A_2 的共模输入电阻。若用这样的电路测量心电信号,则图 8.8(b) 所示信号源电阻 R_{s1} 和 R_{s2} 变化的影响几乎可以忽略不计,能真正检测到心电在相应方向上的电动势。如果 A_1 和 A_2 特性相同,且两个 R_2 相等,则 v_3 和 v_4 中的共模成分也相等,电路总的共模抑制特性取决于 A_3 构成的差分放大电路。A_1,A_2 在深度负反馈下输出电阻极低,其差异与 R_3 相比可以忽略不计。只要选择高共模抑制比的 A_3 并仔细匹配 R_3 和 R_4,电路的共模抑制比很容易达到 80 dB 以上。

③ 心电信号放大器。

心电信号检测时,电极与皮肤会产生直流极化电势,应在电路中设计隔直流电路,即高通电路。该电路不应引起心电信号的显著失真。虽然心电信号的最低可能频率成分只达到 0.5 Hz(相应于心脏搏动 30 次/min),但为降低信号因相移而产生的线性失真,心电信号放大电路的低频截止频率必须达到心电信号的低频截止频率的 1/10,即 0.05 Hz。本实验未对低频截止频率的特性作特殊要求,可用简单 RC 高通电路实现。于是,完整的心电放大器应如图 8.10 所示。

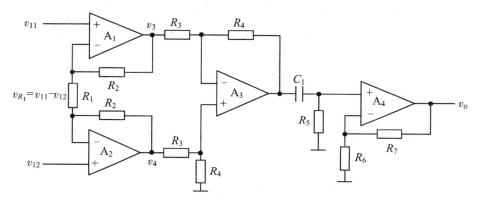

图 8.10　心电放大器电路

由于电容 C_1 漏电会引起 v_o 的漂移,所以 C_1 不应选用电解电容,而应使用介质特性较好的电容。虽然提高放大器的第一级增益有利于降低输出噪声,但考虑到极化电势,三运放构成的仪表放大电路增益不应太大,其电压增益可以取 40,则 A_4 构成的同相放大电路电压增益应为 25,总增益为 1 000。为提高电路的共模抑制比,图 8.10 中标号相同的两个 R_2,R_3,R_4 应做到两两匹配,整个电路的共模抑制比基本取决于这些电阻的匹配程度。电阻匹配得好,其共模抑制比是不难达到 80 dB 的。电路中,$A_1 \sim A_4$ 应选用如 LF347 之类以 FET 作为输入级的运放,以保证足够低的偏置电流。使用这种低成本运放构成心电放大器完全可达到实验要求的技术指标。

④ 使用集成仪表放大器。

图 8.10 所示的仪表放大电路由图 8.11 所示的 INA2128 集成仪表放大器组成,可以省去电阻匹配的麻烦,并易于达到更高的共模抑制比、更小的偏置电流和更高的温度稳定性。该电路中包含两个相互独立的仪表放大电路,正好满足两路心电信号放大的要求。

(2)有源滤波器设计

① 滤波特性的选择。

心电信号的典型波形如图 8.7 所示,它具有脉冲波形的特征,为保证其不失真

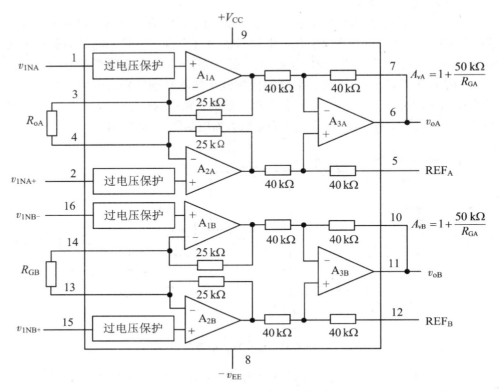

图 8.11　INA2128 内部电路结构

放大,必须注意滤波器的相位特性。有 3 种典型的滤波器:巴特沃斯滤波器、切比雪夫滤波器和贝塞尔滤波器。其中,贝塞尔滤波器具有线性相移特性,最适用于心电信号的滤波处理。巴特沃斯滤波器和切比雪夫滤波器都会引起心电波形的失真,尤其是后者,会造成心电输出信号的振铃效应。

②贝塞尔滤波器电路。

由于实验对电路高频响应的截止特性没有提出要求,可选用较简单的二阶贝塞尔滤波器,其典型电路如图 8.12 所示。图中开关可控制电路的高频截止频率在 100 Hz 和 500 Hz 之间切换。如果需要更陡的截止特性,可将图 8.12 的两个滤波电路级联,组成四阶贝塞尔滤波器。当然,所有的阻容元件参数都应按四阶滤波电路计算。

(3)低噪声稳压电源设计

由于实验要求"输出电压动态范围大于 ±10 V",所以放大器供电稳压电源必须是 ±12 V 或 ±15 V。用普通集成三端稳压电路直接构成稳压电源是难以达到实验提出的"小于 3 mV(峰-峰值)"噪声要求的。需要在集成三端稳压电路外增加放大环节,才能进一步抑制噪声,图 8.13 所示的为正电源电路,负电源可采取类似的设计。

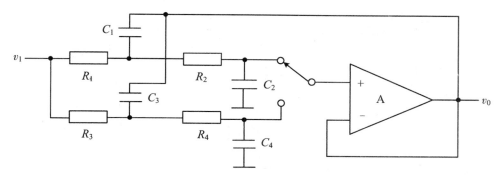

图 8.12　100/500 Hz 滤波电路

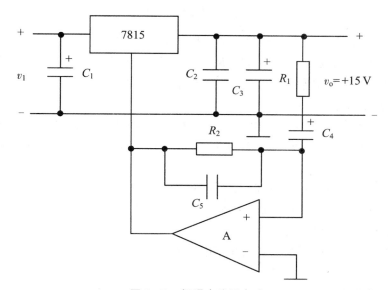

图 8.13　低噪声稳压电路

实验 8.3　实用低频功率放大器设计

1. 设计任务与要求

设计并制作具有弱信号放大能力的低频功率放大器,其原理如图 8.14 所示,设计要求如下:

(1) 基本要求

① 在放大通道的正弦信号输入电压幅度为 $(5\sim700)$ mV,等效负载电阻 $R_L=8\ \Omega$ 时,放大通道应满足:额定输出功率 $P_{OR}\geqslant10$ W;带宽 $BW\geqslant(50\sim10\ 000)$ Hz;

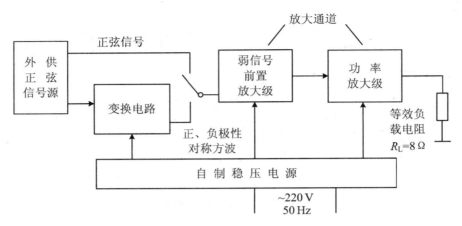

图 8.14　低频功率放大路的原理示意图

在 P_{OR} 下和 BW 内的非线性失真系数不大于 3%；在 P_{OR} 下的效率不小于 55%，在前置放大级输入端交流对地短路时，$R_L = 8\ \Omega$ 时的交流信号功率不大于 10 mW。

② 自行设计并制作满足本设计任务要求的稳压电源。

（2）发挥部分

① 放大器的时间响应。由外供正弦信号源经变换电路产生正、负极性的对称方波；频率为 1 000 Hz，上升和下降时间不超过 1 μs，峰-峰值电压为 200 mV。

用上述方波激励放大通道时，在 $R_L = 8\ \Omega$ 下，放大通道应满足：额定输出功率 $P_{OR} \geqslant 10$ W；在 P_{OR} 下输出波形上升和下降时间不超过 12 μs，且其输出波形顶部斜降不超过 2%，输出波形过冲量不超过 5%。

② 放大通道性能指标的提高和实用功能的扩展（例如，提高效率、减小非线性失真等）。

2. 电路设计

整个系统由前置放大器、数字音量控制电路、功率放大器及方波变换电路等组成，其框图如图 8.15 所示。

图 8.15 中，前置放大器采用场效应管低噪声、高速宽带集成运放 LF353 组成两级交流电压放大器，总的放大倍数 $A_u = 50$，以满足带宽和非线性失真指标的要求；数字音量控制器的作用是对前置放大器的增益进行控制，将其输出信号进行衰减，其中小信号的衰减倍数小，大信号的衰减倍数大，或者说对功率放大器的输入信号进行控制，使其对 5～700 mV 的大范围的信号均能进行线性放大。

数字音量控制器的电路如图 8.16 所示。其中，NE555 产生手动控制音量所需的脉冲，集成模拟开关 CD4051 的 8 路输出信号控制电阻分压网络的衰减

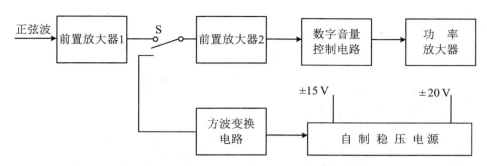

图 8.15　低频功率放大器的组成框图

倍数,其地址由计数器 CD4516 提供。74LS138 译码器与发光二极管组成电平指示电路。

功率放大器的电路如图 8.17 所示。其中,晶体管 T_1,T_2 组成差分放大器,用于驱动末级功放。晶体管 T_4,T_5 与 T_6,T_7 构成的互补对称 OCL 电路作为末级功效。推动对管 2SD667 与 2SB647 的 $\beta>80$,$f_T>100$ MHz,$P_C>500$ W;输出对管 2N3055 与 MJ2955 的 $\beta>80$,$f_T>10$ MHz,$P_C>20$ W,满足性能指标要求。

方波变换电路采用高速集成电压比较器 LM339,±15 V 电源供电,输出端接电阻分压网络,使输出方的峰-峰值 $V_{p-p}=200$ mV,方波的性能指标能满足发挥部分的要求。稳压电源中的大功率电源采用功率为 40 W 的变压器与大功率调整管组成串联型稳压电源,提供 ±20 V 的直流电压;小功率电源用集成稳压器 7815、7915 与运算放大器组成具有正、负直流电压值对称性良好的伺服式电源电路,提供 ±15 V 直流电压。

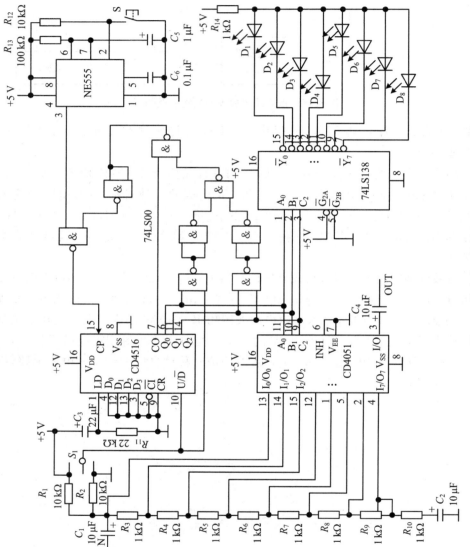

图8.16　数字音量控制电路

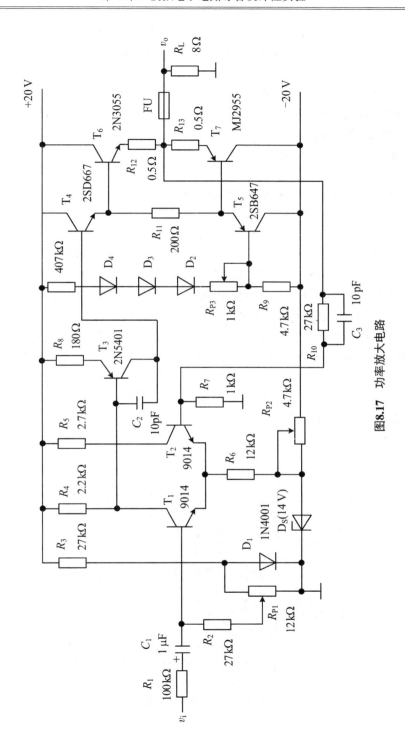

图**8.17**　功率放大电路

实验 8.4 步进电机驱动控制系统设计

步进电机是一种十分重要的自动化执行元件,它和数字系统结合就可以把脉冲数转换成角位移,从而实现生产过程的自动化。

1. 设计任务与要求

① 能实现步进电机的正转、反转、手动(点动)和自动控制。

② 步距角为 1.5°或 3°。

2. 步进电机的工作原理与系统组成框图

(1) 步进电机的工作原理

步进电机由转子和定子两部分组成,根据转子的结构形式,可分为永磁转子步进电机和磁阻式(俗称反应式)转子步进电机两类。常用的三相磁阻式步进电机的结构示意图如图 8.18(a)所示,在定子上有 6 个大极,每个大极上绕有绕组;对称的大极绕组称一相绕组,也称为一相控制绕组,显然,三相电机有 A、B、C 三相绕组。当三相定子绕组轮流接通驱动脉冲信号时,在三对大极上就依次轮流产生磁场,吸引转子转动,转子每次转动的角度称为步伐。每给一相绕组通电一次称为一拍。给三相绕组通电的常用方式有:单三拍、双三拍和六拍。三拍方式通电时,步距为 3°,六拍方式通电时,步距为 1.5°。控制三相绕组通电的次序,就能使电机正转或反转,控制通电信号的频率,就能控制电机的转速。图 8.18(b)所示的是电机正转和反转时,绕组通电的次序。

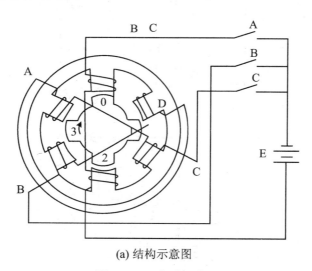

(a) 结构示意图

图 8.18 三相步进电机

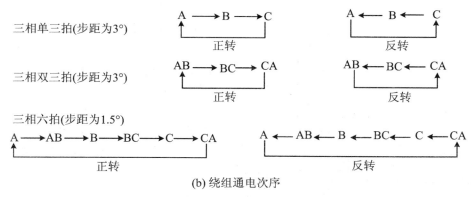

(b) 绕组通电次序

图 8.18　三相步进电机(续)

（2）系统组成框图

步进电机控制系统组成如图 8.19 所示。其工作原理是时钟脉冲产生电路给环形分配器提供输入脉冲,环形分配器将输入时钟脉冲信号转换成 A,B,C 三相绕组所需的顺序控制信号,经各自的功率放大电路放大后,加到电机的三相绕组上,驱动电机转动。每输入一个时钟脉冲,步进电机就前进一步。时钟脉冲产生电路一般由多谐振荡器组成,在设计时,要考虑多谐振荡器有"自动"和"手动"两种工作状态。

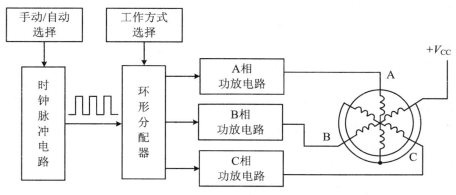

图 8.19　步进电机控制系统框图

环形分配器可选用中规模集成电路(步进电机专用的环形脉冲分配器),也可以用中、小规模数字集成电路组成;还可以用 GAL 器件或单片机组成。其中,所设计的环形分配器电路应具备"自启动"功能,即当环形分配器输出在全"0"或全"1"状态时,电路能自动恢复到有效状态。

3. 电路设计

（1）功率放大电路设计

方案一:使用功率场效应管的单电压功放电路。

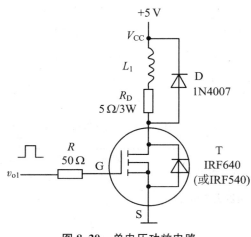

图 8.20　单电压功放电路

单电压功率放大电路是步进电机控制中最简单的一种驱动电路,图 8.20 是一相绕组驱动电路的原理图(其他各相绕组的驱动电路与此相同)。图 8.20 中,T 是功率场效应管,L_1 是步进电机一相绕组电感,R_D 为场效应管的漏极限流电阻,D 为续流二极管,为绕组提供放电回路。工作原理为:当环形分配器输出的信号化为高电平时,T 饱和导通,绕组 L_1 中产生电流;v_{o1} 为低电平时,T 截止,L_1 中的电流消失。所以,功率场效应管工作在开关状态。

注意:功放电路的负载是电机绕组,属感性负载,当功放管 T 从饱和变为截止时,由于绕组中的电流不会突变,从而会在绕组中产生一个很强的反电势,这个反电势和电源 V_{CC} 一起叠加在功放管 T 的漏极上,很容易将功放管击穿。故将二极管 D 接在 T 的漏极 D 和电源 V_{CC} 之间,使得 T 在截止瞬间,电机绕组产生的反电势能通过续流二极管 D 泄放,从而保护功放管不受损坏。同时,功放管应选用反向耐压高的管子,IRF640 是 VMOS 功率场效应晶体管,它的典型参数是:$V_{ds}=200$ V,$R_{ds}(on)=0.18$ Ω,$I_d=18$ A,作为普通电机的功放管是非常理想的。

方案二:使用集成功率开关器件构成的斩波型功放电路。

集成功率电子开关 TWH8751 可直接由 TTL、CMOS 等数字电路直接驱动。该器件开关速度快、工作频率高(可达 1.5 MHz)、控制功率较大,内部开关管反向击穿电压为 100 V,加上散热器后,通过的灌电流可达 3 A。其输出管采用集电极开路方式,可以根据负载的要求选择合适的电源电压,片内还设有过热流保护电路。

TWH8751 的引脚如图 8.21 所示。V_i,V_o 分别为信号的输入端和输出端,V_+ 为正电源的输入端,GND 为接地端,S_T 为选通控制端。该器件为数字逻辑开关,不是模拟开关。当 S_T 为高电平"1"(大于 1.6 V)时,不论门端的电平为多少,其输出级的达林顿管总是截止;当 S_T 端为低电平"0"(不超过 1.2 V)时,输出端 V_o 受 V_i 的控制,当 V_i 为低电平"0"时,输出级的达林顿管截止;当 V_i 为高电平"1"时,输出级的达林顿管导通,V_o 为 0 V。

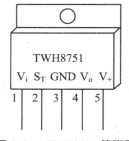

图 8.21　TWH8751 管脚图

使用时应注意当电源电压超过 6.8 V 时,应加限流电阻 R_s,因片内电源与地之间设有一个 6.8 V 的稳压管,R_s 的值可按

$$R_s = \frac{V_{CC} - 6.8(V)}{10(mA)}$$

进行估算。由于输出级的达林顿管的反向击穿电压可达 100 V,所以输出级可以不与 V_+ 共电源,而是根据需要加 80～100 V 的高压于负载上。

用 TWH8751 构成的功放电路如图 8.22 所示。图 8.22 中只给出了驱动 A 相绕组的功放电路,B,C 相的驱动电路与之相同。该电路的工作原理是:环形分配器的输出信号 A 送到 TWH8751 的输入端 V_i,NE555 振荡器产生频率较高的载频脉冲信号,送到选通控制端 S_T。因此,TWH8751 处于高频开关斩波工作状态,其输出端 V_o 为间歇脉冲序列,故称为斩波型驱动电路,各点的波形如图 8.23 所示。绕组中电流 I_L 的大小与电源 V_{CC} 和高频脉冲序列的脉宽 T_{ON} 有关,当 V_{CC} 较大时,I_L 较大,当 T_{ON} 较宽时,I_L 会增大。

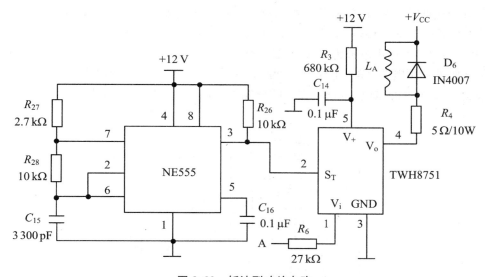

图 8.22　斩波型功放电路

载频脉冲频率 f_C 的选取是比较重要的。当 f_C 较小时,电机会发出很大的噪声,一般选取 $f_C > 15$ kHz 为宜。

斩波功放电路与普通单电压功放电路相比较,前者的工作频率可提高 30% 左右,力矩提高 10%～25%。效率提高也非常显著,在输出功率相同的条件下,斩波电路的输入功率约为单电压功放电路输入功率的一半。

(2) 步进电机供电电源电路设计

步进电机的标称工作电压为 27 V、相电流为 1.5 A(说明:步进电机的标称电压、电流值,并不是额定的电压、电流值。在实际应用中,步进电机的电压和电流值

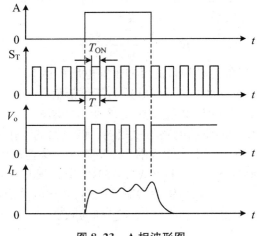

图 8.23　A 相波形图

是可以根据需要来确定的,但不能与这个标称值相差太远)。选用三端可调整稳压器 CW338,对其调整端 ADJ 进行控制,则输出电压从 1.2 V 到 32 V 连续可调。CW338 的最大输出电流为 5 A,内部设有限流、过热和安全区保护,图 8.24 所示的是其典型应用电路,输出电压 V_o 约为 $1.25(1+R_2/R_1)$ V。其他 CMOS 集成电路采用 +12 V 电源供电,可选用固定的三端集成稳压器 LM7812 提供。

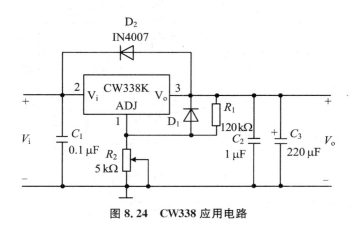

图 8.24　CW338 应用电路

实验 8.5　波形发生器设计

1. 设计任务与要求

设计并制作一个波形发生器,该波形发生器能产生正弦波、方波、三角波和由用户编辑的特定形状波形,示意图如图 8.25 所示。

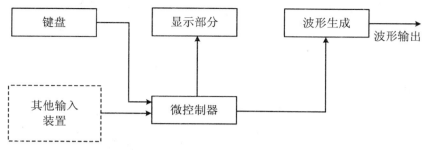

图 8.25　波形发生器示意图

（1）基本要求

① 具有产生正弦波、方波、三角波 3 种周期性波形的功能。

② 用键盘输入编辑生成上述 3 种波形（同周期）的线性组合波形以及由基波及其谐波线性组合的波形。

③ 具有波形存储功能。

④ 输出波形的频率范围为 100 Hz～20 kHz（非正弦波频率按 10 次谐波计算），频率可调，频率步进间隔≤100 Hz。

⑤ 输出波形幅度范围 0～5 V（峰-峰值），可按步进 0.1 V（峰-峰值）调整。

⑥ 具有显示输出波形的类型、重复频率（周期）和幅度的功能。

（2）发挥部分

① 输出波形频率范围扩展至 100 Hz～200 kHz。

② 用键盘或其他输入装置产生任意波形。

③ 增加稳幅输出功能，当负载变化时，输出电压幅度变化不超出±3%（负载变化范围 100 Ω～∞）。

④ 可产生单次或多次（1 000 次以下）特定波形（如产生 1 个半周期三角波输出）。

2. MAX038 芯片介绍

MAX038 可以构成高频函数发生器，能够产生精确高达 10 MHz 的三角波、锯齿波、正弦波和方波/脉冲波形。输出频率和工作周期可以通过调整相应引脚的调整电位器轻松调节。可以通过调整波形设置引脚的电平，决定输出波形是正弦波、方波还是三角波。输出端连接一个 MAX442 放大器缓冲，可以驱动一个 50 Ω 的同轴电缆。MAX038 的性能特点如下：

① 能精密地产生三角波、锯齿波、矩形波（含方波）、正弦波信号。

② 频率范围从 0.1 Hz～20 MHz，最高达 40 MHz，各种波形的输出幅度均为 2 V（峰-峰值）。

③ 占空比调节范围宽、占空比和频率均可单独调节，两者互不影响，占空比最大调节范围是 10%～90%。

④ 波形失真小,正弦波失真度小于 0.75%,占空比调节时非线性度低于 2%。

⑤ 采用 ±5 V 双电源供电,允许有 5% 的变化幅度,电源电流为 80 mA,典型功耗 400 mW,工作温度范围为 0~70 ℃。

⑥ 内设 2.5 V 电压基准,可利用该电压设定 FADJ,DADJ 的电压值,实现频率微调和占空比调节。

MAX038 的内部原理框图如 8.26 图所示。

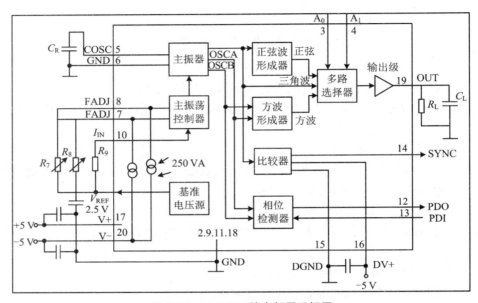

图 8.26　MAX038 的内部原理框图

图 8.26 中主要包括主振器、主振荡控制器 2.5 V 基准电压源、正弦波形成器、方波形成器、比较器、多路选择器、输出级和相位检测器。在 COSC 与 GND(6) 之间接上振荡电容 C_R,利用恒定电流 I_{IN} 向 C_R 充电和放电,即可形成振荡,产生一个三角波和两个矩形波。

振荡器输出的三角波经正弦波形成器变换成等幅、低失真的正弦波。多路模拟开关则从输入的正弦波、三角波和矩形波中选择一种,作为输出。波形种类由地址 A_0,A_1 的逻辑电平来设定。与此同时,三角波还经过比较器从 SYNC 端输出,可作为外部振荡器的同步信号。

3. 电路设计

本设计主要采用集成芯片 MAX038 实现波形发生器。实验中需要产生 3 种基本波形:正弦波、方波和三角波,并且用键盘控制编辑生成上述 3 种波形(同周期)的线性组合波形以及由基波及其谐波(5 次以下)线性组合的波形。最简单的办法就是分别制作出 3 种基波的波形发生器,通过 3 种基波波形发生器的输出模拟组合,将同步信号连接在一起,就可以实现 3 种波形(同周期)的线性组合波形,具体的波形发生器结构框图如图 8.27 所示。

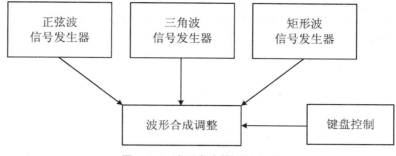

图 8.27　波形发生器结构框图

（1）不同波形的输出

MAX038 的输出波形有 3 种，由波形设定端 A_0（3）、A_1（4）控制，其编码见表 8.1。其中，×表示任意状态，1 为高电平，0 为低电平。为了保证波形设置端的可靠输入，需要在其引脚 A_0 和 A_1 分别连接 10 kΩ 上拉电阻到＋5 V 电源。为了保证输出的波形可靠，同步组合，采用 MAX038 分别构建成相互独立的正弦波、方波和三角波 3 种波形发生器。

表 8.1　A_0 和 A_1 的编码

A_0	A_1	波形
×	1	正弦波
0	0	方波
1	0	三角波

MAX038 内的鉴相器可用在使其输出与外部信号同步的锁相环中。外部信号源接到相位检测器输入（P_{Di}），由 P_{Do} 得到鉴相输出。P_{Do} 通常接到 FADJ 脚及一个电阻 R_{PD} 和一个电容 C_{PD} 至地。R_{PD} 控制鉴相器增益。P_{Do} 输出在 $0 \sim 500~\mu A$ 之间变化的矩形电流脉冲串。当其与 P_{Di} 相位正交（相位差为 90°）时有 50% 的占空比。当相位差为 180°时，占空比为 100%；相反，当相位差为 0°时，占空比为 0%。

鉴相器的增益 K_D 由下式表达：

$$K_D = 0.1318 R_{PD}$$

式中，R_{PD} 为鉴相器增益设置电阻，当环锁住时，输入信号与鉴相器接近相位正交，占空比为 50%，R_{PD} 的平均电流为 $250~\mu A$（FADJ 的吸入电流），该电流由 FADJ 和 R_{PD} 分流，但总有 $250~\mu A$ 进入 FADJ，其余电流则在 R_{PD} 上分流以产生 V_{FADJ}。R_{PD} 越大，则一定的相位差时，V_{FADJ} 越大，锁相环增益越大，同步范围就越小。因为 P_{Do} 输出的电流给 C_{PD} 充电，所以 V_{FADJ} 的变化率（锁相环带宽）和 C_{PD} 成反比。

MAX038 包括一个 TTL/CMOS 鉴相器，它可以用在锁相环（PLL）中使它的输出与外面信号同步(图 8.28)。将 P_{Di}(13 脚)输入的外同步信号经内部鉴相器与振荡频率进行相位比较,相差信号从 12 脚输出再反馈到 8 脚可构成锁相环,实现外同步。将 3 个相互独立的波形发生器的外同步信号输入端连接在一起,这样就可以很方便地实现 3 个波形发生器的输出频率相同。

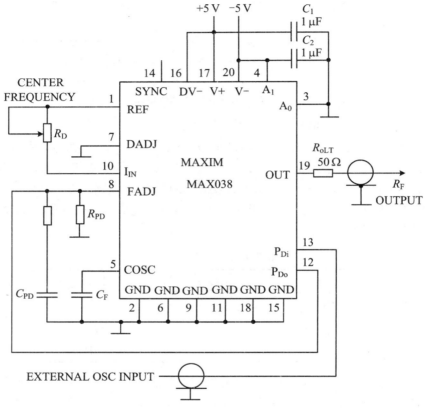

图 8.28　MAX038 的鉴相器及同步实现电路

(2) 输出频率的控制

MAX038 的输出频率由 I_{IN}、FADJ 端电压和主振荡器 COSC 的外接电容器 C_F 三者共同确定,变化的 FADJ 脚电压也会使输出频率发生变化。如果需要通过 FADJ 端电压调整输出可以为 FADJ 脚提供一个外部电压,但需要将 FADJ 脚输入的外部电压限制在±2.4 V。

$$V_{FADJ} = \frac{F_o - F_x}{0.2915 F_o}$$

式中,F_x 为输出频率;F_o 为 $V_{FADJ}=0$ V 时的频率。

同理,用周期计算为

$$V_{FADJ} = \frac{3.43(t_x - t_o)}{t_x}$$

式中, t_x 为输出周期; t_o 为 $V_{FADJ}=0$ V 时的周期。

当 $V_{FADJ}=0$ V 时, 输出频率

$$F_x = F_o = \frac{I_{IN}}{C_F}$$

$$I_{IN} = \frac{V_{IN}}{R_{IN}} = \frac{2.5}{R_{IN}}$$

当 $V_{FADJ}\neq0$ V 时, 输出频率

$$F_x = F_o(1-0.291\,5\,V_{FADJ})$$

且周期为

$$t_x = \frac{t_o}{1-0.291\,5\,V_{FADJ}}$$

（3）工作周期控制

DADJ 脚上的电压控制输出波形的工作周期, 调整 DADJ 脚上的电压, 工作周期可以从 15% 变化到 85%。如果将 DADJ 脚接地, 其工作周期就会固定在 50%, 如果需要调整其工作周期, 可以为 DADJ 脚提供一个电压, 但需要将 DADJ 电压限制到 ±2.3 V。

（4）输出调整

MAX038 的输出幅值只有 2 V（峰-峰值）, 但实验要求需要输出波形幅度范围 0～5 V（峰-峰值）、且需要按步进 0.1 V（峰-峰值）调整。因此, 需要将 MAX038 输出幅值调整到这个范围之内。

（5）主体电路部分

采用 MAX038 分别构建成相互独立的正弦波、方波、三角波 3 种波形发生器的主要部分原理图相同, 不同的是调整引脚 A_0 和 A_1。相应的由 MAX038 构成 3 种电路的通用基本原理图如图 8.29 所示。

如果需要同时输出正弦波、三角波和方波, 由于 MAX038 仅能输出其中一种波形, 不像 ICL8038 那样能同时输出正弦波、三角波和方波, 因此需要 3 个完全相同的如图 8.29 所示的电路。3 个电路应按输出波形的要求, 设置波形控制端 A_0 端和 A_1 端的电平。

实验 8.6　声光控制楼道灯开关电路设计

声光开关电路是晶闸管的实用电路之一。通过这个开关, 既能解决夜间在黑暗中摸索开关的烦恼, 又能有效节电, 非常适合住宅楼使用。

1. 设计任务与要求

制作一个声光控制开关, 要求白天始终为"关"状态, 在夜间受声音控制且灯亮约两分钟后自动关闭。

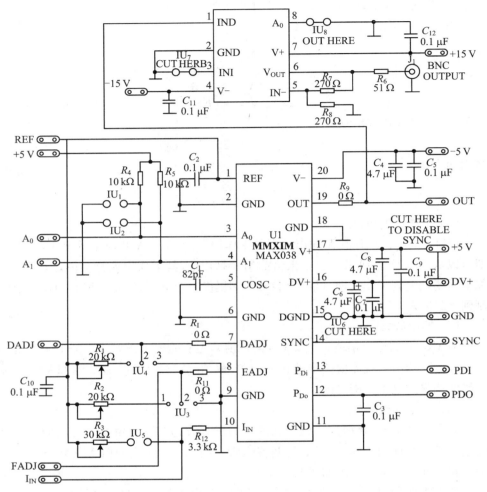

图 8.29　由 MAX038 构成 3 种波形的通用原理图

2. 电路设计

（1）电路组成

该开关主要包括电源电路、声传感器及放大电路、控制电路和触发电路等几部分，工作原理如图 8.30 所示。

电源电路模块分有两路，一路经 $D_1 \sim D_4$ 桥式整流和晶闸管 V_T 供照明灯；另一路经整流，R_{10} 降压 C_1 滤波后，通过稳压管 D_z，得到约 12 V 的电压供控制电路使用。发光二极管 LED 作指示用。

声传感器和放大电路的核心是压电陶瓷片 B 和三极管 $BG_1 \sim BG_3$，当有人走动或拍手产生声波时，压电陶瓷片将声波转换成音频电信号，经阻容耦合三级放大后，把信号加到 BG_5 的基极。控制电路由 BG_4、BG_5 和光敏电阻 R_g 组成，主要是能

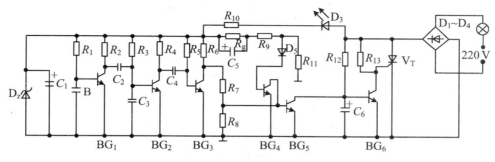

图 8.30　声光控制楼道灯开关电路原理图

够识别白天和黑夜,要求白天即使有声音灯也不亮,而夜间能受声音控制。

(2) 工作原理

白天固有光照,光敏电阻 R_g 的阻值很低,BG_4 的基极电流很大,故 BG_4 饱和导通,晶闸管的控制极处于低电位,晶闸管处于关断状态,灯不亮。触发电路的核心元器件是 BG_6 和 C_6。夜间因 R_g 的阻值变大,BG_4 得不到足够的基极电流而截止,失去了对 BG_5 的控制作用。此时若有人走动或拍手,声信号由 B 转换成电信号并经 $BG_1 \sim BG_3$ 放大后,加到 BG_5 的基极,使 BG_5 饱和导通,电容 C_6 上的电能立即通过 BG_5 释放,BG_6 管因基极电位降低而截止,集电极电位上升,导致晶闸管被触发而导通,照明灯点亮。此后电源经 R_{12} 对 C_6 充电,一段时间后 C_6 充得的电压使 BG_6 又饱和导通,晶闸管再次截止,灯熄灭。可见,该开关的延迟时间主要取决于 R_{12} 和 C_6 的值。若要延长或缩短延迟时间,可以增加或减小 R_{12} 和 C_6 的值。

(3) 器件选择

$BG_1 \sim BG_3$ 可选用常见的 2SC1815,偏置电阻应使管子工作在放大区。耦合电容 C_2,C_4 应对音频信号呈低阻抗,可使用 0.1 F 的涤纶电容。R_g 选择亮电阻约 5 kΩ,暗电阻约 5 MΩ 的光敏电阻。降压电阻 R_{10}、充电回路电阻 R_{12} 及触发支路电阻 R_{13} 应考虑其额定功率。R_{12} 和 C 的值决定延迟时间,可通过试验确定。晶闸管选择 400 V/A、$D_1 \sim D_4$ 整流管的耐压应比较高,可用 1N4007。

实验 8.7　程控滤波器

1. 设计任务

设计并制作程控滤波器,其组成如图 8.31 所示。放大器增益可设置;低通或高通滤波器通带、截止频率等参数可设置。

2. 设计要求

(1) 基本要求

① 放大器输入正弦信号电压振幅为 10 mV,电压增益为 40 dB,增益 10 dB 步进可调,通频带为 100 Hz～40 kHz,放大器输出电压无明显失真。

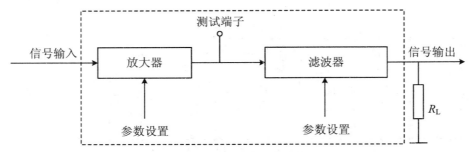

图 8.31 程控滤波器组成框图

② 滤波器可设置为低通滤波器，其 $-3\,\mathrm{dB}$ 截止频率 f_C 在 $1 \sim 20\,\mathrm{kHz}$ 范围内可调，调节的频率步进为 $1\,\mathrm{kHz}$，$2f_C$ 处放大器与滤波器的总电压增益不大于 $30\,\mathrm{dB}$，$R_L = 1\,\mathrm{k\Omega}$。

③ 滤波器可设置为高通滤波器，其 $-3\,\mathrm{dB}$ 截止频率 f_C 在 $1 \sim 20\,\mathrm{kHz}$ 范围内可调，调节的频率步进为 $1\,\mathrm{kHz}$，$0.5f_C$ 处放大器与滤波器的总电压增益不大于 $30\,\mathrm{dB}$，$R_L = 1\,\mathrm{k\Omega}$。

④ 电压增益与截止频率的误差均不大于 10%。

⑤ 有设置参数显示功能。

（2）发挥部分

① 放大器电压增益为 $60\,\mathrm{dB}$，输入信号电压振幅为 $10\,\mathrm{mV}$；增益 $10\,\mathrm{dB}$ 步进可调，电压增益误差不大于 5%。

② 制作一个四阶椭圆型低通滤波器，带内起伏 $\leqslant 1\,\mathrm{dB}$，$-3\,\mathrm{dB}$ 通带为 $50\,\mathrm{kHz}$，要求放大器与低通滤波器在 $200\,\mathrm{kHz}$ 处的总电压增益小于 $5\,\mathrm{dB}$，$-3\,\mathrm{dB}$ 通带误差不大于 5%。

③ 制作一个简易幅频特性测试仪，其扫频输出信号的频率变化范围是 $100\,\mathrm{Hz} \sim 200\,\mathrm{kHz}$，频率步进 $10\,\mathrm{kHz}$。

④ 其他。

实验 8.8 电压控制 LC 振荡器

1. 设计任务

设计并制作一个电压控制 LC 振荡器。

2. 设计要求

（1）基本要求

① 振荡器输出为正弦波，波形无明显失真。

② 输出频率范围：$15 \sim 35\,\mathrm{MHz}$。

③ 输出频率稳定度：优于 10^{-3}。

④ 输出电压峰-峰值：$V_{p\text{-}p} = (1 \pm 0.1)\,\text{V}$。

⑤ 实时测量并显示振荡器输出电压峰-峰值，精度优于 10%。

⑥ 可实现输出频率步进，步进间隔为 $1\,\text{MHz} \pm 100\,\text{kHz}$。

（2）发挥部分

① 进一步扩大输出频率范围。

② 采用锁相环进一步提高输出频率稳定度，输出频率步进间隔为 $100\,\text{kHz}$。

③ 实时测量并显示振荡器的输出频率。

④ 制作一个功率放大器，放大 LC 振荡器输出的 $30\,\text{MHz}$ 正弦信号，限定使用 $E = 12\,\text{V}$ 的单直流电源为功率放大器供电，要求在 $50\,\Omega$ 纯电阻负载上的输出功率 $\geqslant 20\,\text{mW}$，尽可能提高功率放大器的效率。

⑤ 功率放大器负载改为 $50\,\Omega$ 电阻与 $20\,\text{pF}$ 电容串联，在此条件下 $50\,\Omega$ 电阻上的输出功率 $\geqslant 20\,\text{mW}$，尽可能提高放大器效率。

⑥ 其他。

第 9 章   数字电路综合设计性实验

实验 9.1   数字抢答器的设计

1. 设计任务与要求

① 设计一个智力竞赛抢答器,可同时供 8 名选手或 8 支队伍参加比赛,他们的编号分别是 0,1,2,3,4,5,6,7,各备用一个抢答按钮,按钮的编号与选手的编号相对应,分别是 S_0,S_1,S_2,S_3,S_4,S_5,S_6,S_7。

② 给节目主持人设置一个控制开关,用来控制系统的清零(编号显示数码管灭灯)和抢答的开始。

③ 抢答器具有数据锁存和显示的功能。抢答开始后,若有选手按动抢答按钮,编号立即锁存,并在数码管上显示选手的编号,同时扬声器给出音响提示。此外,要同时封锁输入电路,禁止其他选手继续抢答。显示的抢答选手的编号一直保持到主持人将系统清零为止。

④ 抢答器具有定时抢答的功能,且每次抢答的时间可以由主持人设定(如 30 s)。当节目主持人启动"开始"键后,要求定时器立即进行倒计时,并用显示器进行显示.同时扬声器发出短暂的声响,声响持续时间为 0.5 s 左右。

⑤ 参赛选手在设定的时间内进行抢答,抢答有效,定时器停止工作,显示器上显示抢答选手的编号和抢答时刻的时间,并保持到主持人将系统清零为止。

⑥ 如果定时抢答的时间已到,却没有选手抢答,则本次抢答无效并封锁输入电路,禁止选手超时后抢答,定时显示器上显示 00。

2. 电路设计

系统进行短暂的报警定时的抢答器的总体框图如图 9.1 所示,它由主体电路和扩展电路两部分组成。主体电路完成基本的抢答功能,即开始抢答后,当选手按动抢答键时,能显示选手的编号,同时封锁输入电路,禁止其他选手抢答。扩展电路完成定时抢答的功能。

图 9.1 所示的定时抢答器的工作过程是:接通电源时,节目主持人将开关置于"清除"位置,抢答器处于禁止工作状态,编号显示器灭灯,定时显示器显示设定的时间,当节目主持人宣布抢答题目后,说一声"抢答开始",同时将控制开关拨到"开始"位置,扬声器给出声响提示,抢答器处于工作状态,定时器进行倒计时。当定时时间到,却没有选手抢答时,系统报警,并封锁输入电路,禁止选手超时后抢答。当选手在设定的时间内按动抢答键时,抢答器要完成以下 4 项工作:

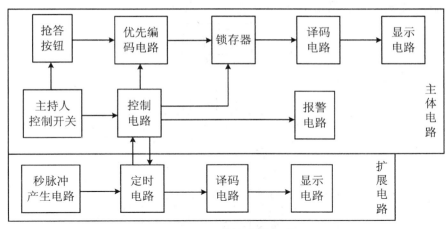

图 9.1　数字定时抢答器总体图

①　优先编码电路立即分辨出抢答者的编号,并由锁存器进行锁存,然后由译码显示电路显示编号。

②　扬声器发出短暂声响,提醒节目主持人注意。

③　控制电路要对输入编码电路进行封锁,避免其他选手再次进行抢答。

④　控制电路要使定时器停止工作,定时显示器上显示剩余的抢答时间,并保持到主持人将系统清零为止。

当选手回答问题完毕后,主持人操作控制开关,使系统恢复到禁止工作状态,以便进行下一轮抢答。

（1）抢答电路设计

抢答电路的功能有两个:一是能分辨选手的按键先后,并锁存优先抢答者的编号,供译码、显示电路用;二是要使其后的选手的按键操作无效。选用优先编码器 74LS148 和锁存器 74LS279 可以实现上述功能,其电路组成如图 9.2 所示。其工作原理是:当主持人控制开关处于“清除”位置时,触发器的输出端（$Q_3 \sim Q_0$）全部为低电平。于是 74LS148 的 BI＝0,显示器灭灯;74LS148 的选通输入端 S_T＝0,74LS148 处于工作状态,此时锁存电路不工作。当主持人开关拨到“开始”位置时,优先编码电路和锁存电路同时处于工作状态,即抢答器处于等待工作状态,输入端 $IN_7 \sim IN_0$ 等待输入信号,当有选手将键按下时（如按 S_5）,74LS148 的输出 $\overline{Y_2} \cdot \overline{Y_1} \cdot \overline{Y_0}$＝010,$\overline{Y_{EX}}$＝0,经 RS 锁存器后,$Q_1$＝1,BI＝1,73LS148 处于工作状态,$Q_4 Q_3 Q_2$＝101,经 74LS1488 译码后,显示器显示出“5”。此外,Q_1＝1,使 74LS148 的 $\overline{S_T}$ 端为高电平,74LS148 处于禁止工作状态,封锁了其他按键的输入。当按下的键松开后,74LS148 的 Y_{EX} 为高电平,但由于 Q_1 的输出仍维持高电平不变,所以 74LS148 仍处于禁止工作状态,其他按键的输入信号不会被接收。这就保证了抢答者的优先性以及抢答电路的准确性。当优先抢答者回答完问题后,由主持人操作控制开关 S，使抢答电路复位，以便进行下一轮抢答。

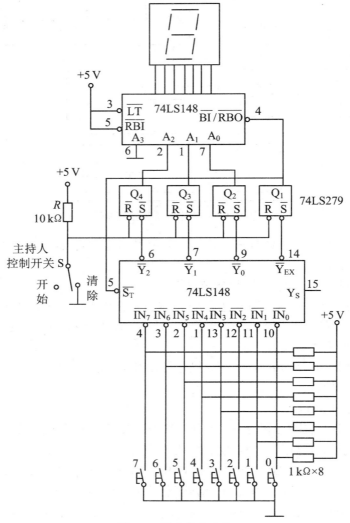

图 9.2　数字抢答电路

8 线-3 线优先编码器 74LS148 的功能真值表如表 9.1 所示。

表 9.1　功能真值表

输　入									输　出				
$\overline{S_T}$	$\overline{IN_0}$	$\overline{IN_1}$	$\overline{IN_2}$	$\overline{IN_3}$	$\overline{IN_4}$	$\overline{IN_5}$	$\overline{IN_6}$	$\overline{IN_7}$	$\overline{Y_2}$	$\overline{Y_1}$	$\overline{Y_0}$	$\overline{Y_{EX}}$	Y_S
1	×	×	×	×	×	×	×	×	1	1	1	1	1
0	1	1	1	1	1	1	1	1	1	1	1	1	0
0	×	×	×	×	×	×	×	0	0	0	0	0	1

续表

输　入									输　出				
$\overline{S_T}$	$\overline{IN_0}$	$\overline{IN_1}$	$\overline{IN_2}$	$\overline{IN_3}$	$\overline{IN_4}$	$\overline{IN_5}$	$\overline{IN_6}$	$\overline{IN_7}$	$\overline{Y_2}$	$\overline{Y_1}$	$\overline{Y_0}$	$\overline{Y_{EX}}$	Y_S
0	×	×	×	×	×	×	0	1	0	0	1	0	1
0	×	×	×	×	×	0	1	1	0	1	0	0	1
0	×	×	×	×	0	1	1	1	0	1	1	0	1
0	×	×	×	0	1	1	1	1	1	0	0	0	1
0	×	×	0	1	1	1	1	1	1	0	1	0	1
0	×	0	1	1	1	1	1	1	1	1	0	0	1
0	0	1	1	1	1	1	1	1	1	1	1	0	1

（2）定时电路

节目主持人根据抢答题的难易程度，设定一次抢答的时间，通过预置时间电路对计数器进行预置，计数器的时钟脉冲由秒脉冲电路提供。可预置时间的电路选用十进制同步加法计数器 74LS192 进行设计，具体电路请读者自行设计。

（3）报警电路

报警电路由 555 定时器和三极管构成，如图 9.3 所示。其中由 555 定时器构成的多谐振荡器频率

$$f_0 = \frac{1.43}{(R_1 + 2R_2) \cdot C_1}$$

其输出信号经三极管推动扬声器。PR 为控制信号，PR 为高电平时，多谐振荡器工作，反之，电路停振。

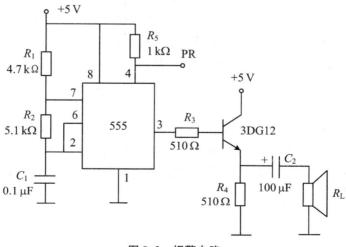

图 9.3　报警电路

（4）时序控制电路

时序控制电路是抢答器设计的关键,它要完成以下 3 项功能:

① 主持人将控制开关拨到"开始"位置时,扬声器发声,抢答电路和定时电路进入正常抢答工作状态。

② 当参赛选手按动抢答键时,扬声器发声,抢答电路和定时电路停止工作。

③ 当设定的抢答时间到,无人抢答时,扬声器发声,同时抢答电路和定时电路停止工作。

根据上面的功能要求以及图 9.2,设计的时序控制电路如图 9.4 所示。

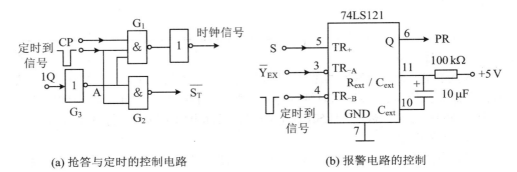

(a) 抢答与定时的控制电路   (b) 报警电路的控制

图 9.4 时序控制电路

图 9.4 中,门 G_1 的作用是控制时钟信号 CP 的放行与禁止,门 G_2 的作用是控制 74LS148 的输入端 S_T。图 9.4(a) 的工作原理是:主持人控制开关从"清除"位置拨到"开始"位置时,来自于图 9.4(b) 中的 7LS279 的输出 $Q_1=0$,经 G_3 反相,A=1,则时钟信号 CP 能够加到 74LS192 的 CP_D 时钟输入端,定时电路进行递减计时。同时,在定时时间未到时,则"定时到信号"为 1,门 G_2 的输出 $\overline{S_T}=0$,使 74LS148 处于正常工作状态,从而实现功能① 的要求。当选手在定时时间内按动抢答键时,$Q_1=1$,经 G_3 反相,A=0,封锁 CP 信号,定时器处于保持工作状态;同时,门 G_2 的输出 $\overline{S_T}=1$,74LS148 处于禁止工作状态,从而实现功能② 的要求。

当定时时间到时,则"定时到信号"为 0,$\overline{S_T}=1$,74LS148 处于禁止工作状态,禁止选手进行抢答。同时,门 G_1 处于关门状态,封锁 CP 信号,使定时电路保持状态不变,从而实现功能③ 的要求。集成单稳态触发器 74LS121 用于控制报警电路及发声的时间。

实验 9.2　交通信号灯控制电路设计

在交通道路的十字路口,为保证交通秩序,一般在每条道路入口上各有一组红、黄、绿交通信号灯,其中红灯亮,表示该条道路禁止通行;黄灯亮表示该条道路上未过停车线的车辆停止通行,已过停车线的车辆继续通行;绿灯亮表示该条道路允许通行。交通控制电路自动控制十字路口两组红、黄、绿交通灯的状态转换,指挥各种车辆和行人安全通过,实现十字路口交通管理的自动化。

1. 设计任务与要求

① 设计一个十字路口的交通灯控制电路,要求甲车道和乙车道两条交叉道路上的车辆交替运行,每次通行时间都设为 25 s。

② 要求甲车道和乙车道两条交叉道路的指示灯,黄灯先亮 5 s,才能变换运行车道指示灯。

③ 黄灯亮时,要求每秒钟闪亮一次。

2. 原理分析

（1）逻辑功能分析

交通灯控制系统的原理框图如图 9.5 所示。它主要由控制器、定时器、译码器和秒脉冲信号发生器等部分组成。秒脉冲发生器是该系统中定时器和控制器的标准时钟信号源,译码器输出两组信号灯的控制信号,经驱动电路后驱动信号灯工作,控制器是系统的主要部分,它控制定时器和译码器的工作。

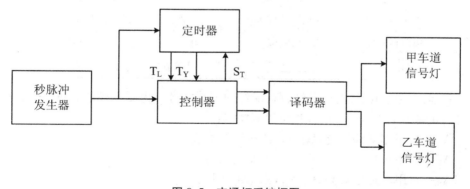

图 9.5　交通灯系统框图

T_L:表示甲车道或乙车道绿灯亮的时间间隔为 25 s,即车辆正常通行的时间间隔。定时时间到,$T_L=1$,否则,$T_L=0$。

T_Y:表示黄灯亮的时间间隔为 5 s。定时时间到,$T_Y=1$,否则,$T_Y=0$。

S_T:表示定时器到了规定的时间后,由控制器发出状态转换信号。由它控制定时器开始下一个工作状态的定时。

（2）交通控制器的 ASM（算法状态机）图

一般十字路口的交通灯控制系统的工作过程如下：

① 甲车道绿灯亮，乙车道红灯亮。表示甲车道上的车辆允许通行，乙车道禁止通行。绿灯亮足规定的时间间隔 T_L 时，控制器发出状态转换信号 S_T，转到下一工作状态。

② 甲车道黄灯亮，乙车道红灯亮。表示甲车道上未过停车线的车辆停止通行，已过停车线的车辆继续通行，乙车道禁止通行。黄灯亮足规定的时间间隔 T_Y 时，控制器发出状态转换信号 S_T，转到下一工作状态。

③ 甲车道红灯亮，乙车道绿灯亮。表示甲车道禁通行，乙车道上的车辆允许通行。绿灯亮足规定的时间间隔 T_L 时，控制器发出状态转换信号 S_T，转到下一工作状态。

④ 甲车道红灯亮，乙车道黄灯亮。表示甲车道禁止通行，乙车道上未过停车线的车辆停止通行，已过停车线的车辆继续通行。黄灯亮足规定的时间间隔 T_Y 时，控制器发出状态转换信号 S_T，系统又转换到第①种工作状态，循环往复，保障通行。

交通灯以上 4 种工作状态的转换是由控制器进行控制的。设控制器的 4 种状态编码为 00，01，11，10，并分别用 S_0，S_1，S_2，S_3 表示，则控制器的工作状态及其功能如表 9.2 所示。

表 9.2　控制器工作状态及其功能

控制器状态	信号灯状态	车道运行状态
S_0（00）	甲绿，乙红	甲车道通行，乙车道禁止通行
S_1（01）	甲黄，乙红	甲车道缓行，乙车道禁止通行
S_3（11）	甲红，乙绿	甲车道禁止通行，乙车道通行
S_2（10）	甲红，乙黄	甲车道禁止通行，乙车道缓行

控制器应送出甲、乙车道红、黄、绿灯的控制信号。为便于描述起见，把灯的代号和灯的驱动信号合二为一，并作如下规定：

$A_G = 1$，甲车道绿灯亮；$B_G = 1$，乙车道绿灯亮。

$A_Y = 1$，甲车道黄灯亮；$B_Y = 1$，乙车道黄灯亮。

$A_R = 1$，甲车道红灯亮；$B_R = 1$，乙车道红灯亮。

由此得到交通灯的 ASM 图，如图 9.6 所示。设控制器的始状态为 S_0（用状态框表示 S_0），当 S_0 的持续时间小于 25 s 时，$T_L = 0$，控制器保持 S_0 不变。只有当 S_0 的持续时间等于 25 s 时，$T_L = 1$，控制器发出状态转换信号 S_T，并转换到下一个状态。依此类推可以得到 ASM 图。

3. 电路的设计

（1）定时器

定时器由与系统秒脉冲（由时钟脉冲产生器提供）同步的计数器构成，要求计

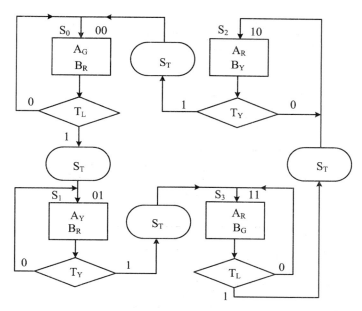

图 9.6　交通灯控制器 ASM 图

数器在状态转换信号 S_T 作用下,首先清零。然后在时钟脉冲上升沿作用下,计数器从 0 开始进行增 1 计数,向控制器提供模 5 的定时信号 T_Y 和模 25 的定时信号 T_L。

　　计数器选用集成电路 74LS163 进行设计。74LS163 是 4 位二进制同步计数器,它具有同步清零、同步置数的功能。74LS163 的外引线排列图和时序波形图加图 9.7 所示,其功能表如表 9.3 所示,图中,$\overline{CR}$ 是低电平有效的同步清零输入端,$\overline{LD}$ 是低电平有效的同步并行置数控制端,CT_P,CT_T 是计数控制端,CO 是进位输出端,$D_0 \sim D_3$ 是并行数据输入端,$Q_0 \sim Q_3$ 是数据输出端。由两片 74LS163 级联组成的定时器电路如图 9.8 所示。

表 9.3　74LS163 功能表

输　　入									输　　出			
$\overline{CR}$	$\overline{LD}$	CT_P	CT_T	CP	D_0	D_1	D_2	D_3	Q_0	Q_1	Q_2	Q_3
0	$\times$	$\times$	$\times$	$\uparrow$	$\times$	$\times$	$\times$	$\times$	0	0	0	0
1	0	$\times$	$\times$	$\uparrow$	d_0	d_1	d_2	d_3	d_0	d_1	d_2	d_3
1	1	1	1	$\uparrow$	$\times$	$\times$	$\times$	$\times$	计　　数			
1	1	0	$\times$	$\uparrow$	$\times$	$\times$	$\times$	$\times$	保　　持			
1	1	$\times$	0	$\times$	$\times$	$\times$	$\times$	$\times$	保　　持			

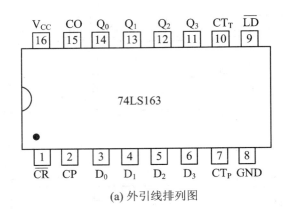

(a) 外引线排列图

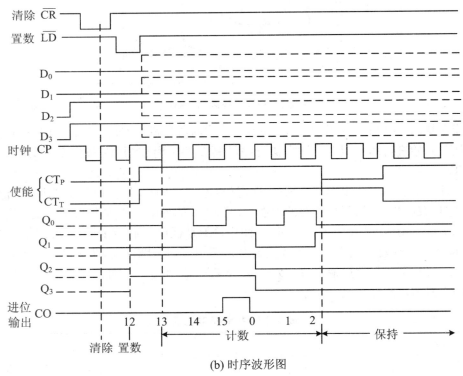

(b) 时序波形图

图 9.7　74LS163 的外引线排列和时序波形

（2）控制器

控制器是交通管理的核心，它应该能够按照交通管理规则控制信号灯工作状态的转换。从 ASM 图可以列出控制器的状态转换表，如表 9.4 所示。选用两个 D 触发器 FF_1、FF_0 作为时序寄存器产生 4 种状态，控制器状态转换的条件为 T_L 和 T_Y，当控制器处于 $Q_1^n Q_0^n = 00$ 状态时，如果 $T_L = 0$，则控制器保持在 00 状态；如果 $T_L = 1$，则控制器转换到 $Q_1^{n+1} Q_0^{n+1} = 01$ 状态。这两种情况与条件 T_Y 无

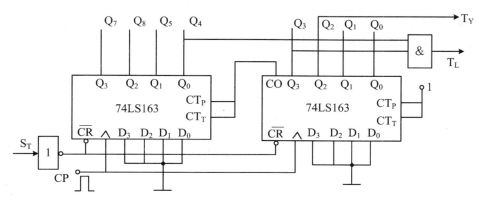

图 9.8　定时器电路图

关,所以用无关项"×"表示。其余情况以此类推,同时表中还列出了状态转换信号 S_T。

表 9.4　控制器状态转换表

输　入				输　出		
现　态		状态转换条件		次　态		状态转换信号
Q_1^n	Q_0^n	T_L	T_Y	Q_1^{n+1}	Q_0^{n+1}	S_T
0	0	0	×	0	0	0
0	0	1	×	0	1	1
0	1	×	0	0	1	0
0	1	×	1	1	1	1
1	1	0	×	1	1	0
1	1	1	×	1	0	1
1	0	×	0	1	0	0
1	0	×	1	0	0	1

　　根据表 9.4,可以推出状态方程和转换信号方程,其方法是:将 Q_1^{n+1}、Q_0^{n+1} 和 S_T 为 1 的项所对应的输入或状态转换条件变量相与,其中"1"用原变量表示,"0"用反变量表示,

　　然后将各与项相或,即可得到下面的方程:

$$Q_1^{n+1} = \overline{Q_1^n} Q_0^n T_Y + Q_1^n Q_0^n + Q_1^n \overline{Q_0^n} \, \overline{T_L}$$

$$Q_0^{n+1} = \overline{Q_1^n} \, \overline{Q_0^n} T_L + \overline{Q_1^n} \, Q_0^n + Q_1^n Q_0^n \, \overline{T_L}$$

$$S_T = \overline{Q_1^n} \, \overline{Q_0^n} T_L + \overline{Q_1^n} Q_0^n T_Y + Q_1^n Q_0^n T_L + Q_1^n \, \overline{Q_0^n} T_Y$$

根据以上方程,选用数据选择器 74LS153 来实现每个 D 触发器的输入函数,将触发器的现态值(Q_1^n,Q_0^n)加到 74LS153 的数据选择输入端作为控制信号,即可实现控制器的功能。控制器的逻辑图如图 9.9 所示,图中 R、C 构成上电复位电路。

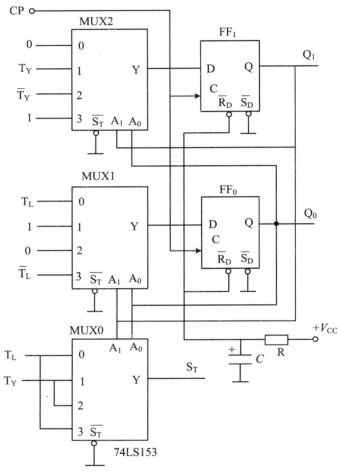

图 9.9   控制器逻辑图

（3）译码器

译码器的主要任务是将控制器的输出 Q_1，Q_0 的 4 种工作状态,翻译成甲、乙车道上 6 个信号灯的工作状态控制器的状态编码与信号灯控制信号之间的关系如表 9.5 所示。实现上述关系的译码电路请读者自行设计。

表 9.5　控制器状态编码与信号灯关系表

状态	A_G	A_Y	A_R	B_G	B_Y	B_R
00	1	0	0	0	0	1
01	0	1	0	0	0	1
11	0	0	1	1	0	0
10	0	0	1	0	1	0

实验 9.3　简易逻辑分析仪

1. 设计任务与要求

设计并制作一个 8 路数字信号发生器与简易逻辑分析仪,其结构框图如图 9.10 所示。

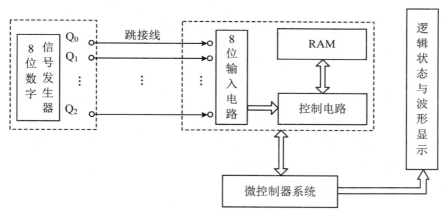

图 9.10　系统结构框图

(1) 基本要求

① 制作数字信号发生器。

能产生 8 路可预置的循环移位逻辑信号序列,输出信号为 TTL 电平,序列时钟频率为 100 Hz,并能够重复输出。逻辑信号序列如图 9.11 所示。

② 制作简易逻辑分析仪。

a. 具有采集 8 路逻辑信号的功能,并可设置单级触发字。信号采集的触发条件为各路被测信号电平与触发字所设定的逻辑状态相同。在满足触发条件时,能对被测信号进行一次采集、存储。

b. 能利用模拟示波器清晰稳定地显示所采集到的 8 路信号波形,并显示触发点位置。

c. 8 位输入电路的输入阻抗大于 50 kΩ,其逻辑信号门限电压可在 0.25～4 V

范围内按 16 级变化,以适应各种输入信号的逻辑电平。

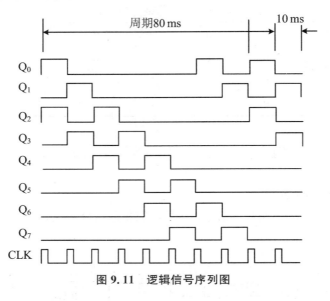

图 9.11   逻辑信号序列图

d. 每通道的存储深度为 20 bit。

(2) 发挥部分

① 能在示波器上显示可移动的时间标志线,并采用 LED 或其他方式显示时间标志线所对应时刻的 8 路输入信号逻辑状态。

② 简易逻辑分析仪应具备 3 级逻辑状态分析触发功能,即当连续依次捕捉到设定的 3 个触发字时,开始对被测信号进行一次采集、存储与显示,并显示触发点位置。3 级触发字可任意设定。

③ 触发位置可调(即可选择显示触发前、后所保存的逻辑状态字数)。

④ 其他(如增加存储深度后分页显示等)。

2. 方案设计

(1) 方案比较与选择

方案一:采用单片机作为系统控制核心。这种方案要求单片机除了完成基本处理分析以外,还需要完成 8 路 TTL 数据的采集与普通模拟示波器的显示控制。单片机虽然具备灵活的控制方式,但受工作速率的影响,可能会使示波器显示屏幕抖动和出现明显的回扫线,难以达到实验的要求。

方案二:采用 CPLD/FPGA(或带有 IP 核的 CPLD/FPGA)作为系统控制核心,即用 CPLD/FPGA 完成信号采集、触发控制与示波器的显示控制,由 IP 核实现人机交互和信号处理分析。本方案优点在于系统结构紧凑,有很高的工作速度;缺点是调试过程繁琐,不利于实现友善的用户交互界面。

方案三:采用单片机与 FPGA 结合的方式,即用单片机作为主处理器,完成人机界面、系统控制和触发控制。用 FPGA 作为协处理器,完成 8 路 TTL 数据的采集与普通模拟示波器的显示控制。这种方案兼顾了上述两种方案的优点,硬、软件相结合,使设计达到整体优化的效果。因此,宜采用方案三。

（2）系统设计方案

本系统以单片机为主控处理器,以 FPGA 为协处理器,其中,FPGA 主要完成8 路 TTL 数据的采集与普通模拟示波器的显示控制。在系统结构上,采用总线方式实现单片机对 FPGA 的控制流传扬,使用双口 RAM 实现大量高速数据流的交换,使系统非常稳定、可靠。该系统的总体框图如图 9.12 所示。

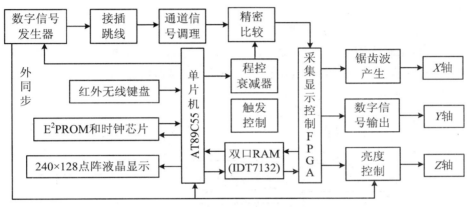

图 9.12　系统总体框图

3. 理论分析

（1）多级逻辑门限设定的计算

实验要求逻辑门限电压可在 $0.25 \sim 4\,\text{V}$ 范围内 16 级变化,即最低电压 $V_{D_1} = 0.25\,\text{V}$,最高电压 $V_{D_{16}} = 4\,\text{V}$,根据等差数列理论,其步长为

$$V_D = \frac{V_{D_n - D_1}}{n - 1} = \frac{V_{D_{16}} - V_{D_1}}{16 - 1} = \frac{4 - 0.25}{15} = 0.25\,(\text{V})$$

因此,对应的 16 级逻辑门限电压依次为:$0.25\,\text{V}, 0.5\,\text{V}, \cdots, 3.75\,\text{V}, 4.00\,\text{V}$。

（2）存储深度 M

实验要求屏幕上显示 8 路波形（即行数 $Z=8$）,每行位数 $m_1 = 20$ 位,每页存储深度

$$M_1 = m_1 \times Z = 20 \times 8 = 20\,\text{B}$$

本设计扩展存储页数 $n=5$,故系统的存储深度为

$$M = 5 \times M_1 = 5 \times 20 = 100\,\text{B}$$

（3）扫描频率

根据人眼的视觉特性,当场频率 $f_v > 50\,\text{Hz}$ 时,感觉不到闪烁。8 路信号（即行数 $Z=8$）,故欲得到稳定的波形显示,行频率为

$$f_H = Z \times f_v \geqslant 8 \times 50 = 400(\text{Hz})$$

取场频率 $f_v = 50$ Hz、行频率 $f_H = 400$ Hz。

4. 电路设计

（1）数字信号发生器

信号发生器需要有 8 路逻辑信号和一路时钟输出,其输出频率为 100 Hz。在这里使用一片单片机 AT89c2051 作为信号发生器。采用多机通信方式,由主机发送预置数据,信号发生器从机被动接收并产生相应的序列信号。此外,信号发生器还使用 8×8 开关矩阵进行通道切换,实现一对一和一对多的波形通道切换控制。

（2）通道输入信号调理电路

实验要求输入阻抗大于 50 kΩ,故通道输入前端加一级电压跟随器,然后进入高精度、宽输入电压范围的电压比较器 MAX912,整形后输出标准的逻辑信号,电路如图 9.13 所示。

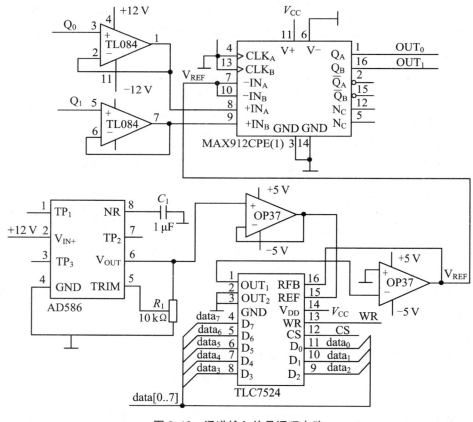

图 9.13　通道输入信号调理电路

为了实现 16 级可变的逻辑门限电压,采用 8 位 D/A 从芯片 TLC7524 构成程控衰减器 5 V 基准源 AD586 作为参考电压,此时转换器输出电压为

$$V_{\text{o}} = \frac{D_1}{256} \times V_{\text{REF}} = \frac{D_1}{256} \times 5 = D_1 \times 0.019\,5(\text{V})$$

式中,D_1 为输入的数字量。改变 D_1,即可改变衰减器的衰减倍数,而步长 $V_{\text{D}} = 0.25$ V,故数字步长 $\Delta D_1 = 12$。最后输出作为比较器 MAX912 的比较电压。

(3) 显示驱动电路

显示部分主要由锯齿波扫描和信号扫描组成,根据需要还扩展了 Z 轴的显示控制功能。

由于屏幕上要显示 8 路波形,因此,外部 D/A 转换器必须分时复用。但为了避免回扫线对显示效果产生影响,X 轴输入与 Y 轴输入必须保持严格同步,而且 D/A 转换器还必须具备足够快的转换速率。因此,为了简化硬件设计,选择双通道高速 D/A 芯片 TLC7528 作为信号扫描输出,电路如图 9.14 所示。

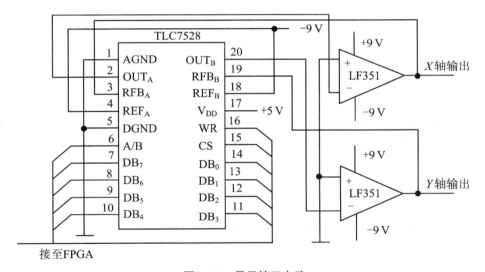

图 9.14　显示接口电路

示波器的 Z 轴具有亮度调节功能,通过控制 Z 轴的输入电压来实现触发位置的标定和回扫线的消隐。当 Z 轴输入电压为 0 V 左右时,示波器显示正常波形;当 Z 轴输入电压为 5 V 左右时,示波器显示灰暗波形;当 Z 轴输入电压为 10 V 左右时,示波器显示全灭。由于利用 FPGA 直接控制 Z 轴,而 FPGA 的 I/O 输出电压为 0~3.3 V,所以必须在外面附加驱动电路。驱动电路可以采用 D/A 方式,但 Z 轴对小范围的连续电压输入并不敏感,因此,直接利用比较器和模拟开关,实现对时间轴任意位置的亮、暗、灭三级标定,电路如图 9.15 所示。

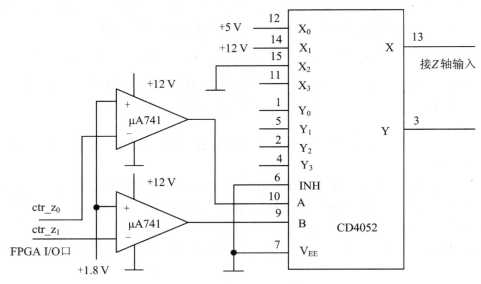

图 9.15　输入控制电路

（4）红外键盘和接收电路

本系统采用遥控器作为键盘，AT89c205l 解码，然后通过多机通信协议向主机回传键值，进行按键处理。

（5）掉电保存电路

本系统采用 EPROM 芯片 24LC64 对用户数据进行保存。由于 24LC64 具有 12 接口，不仅可以节省宝贵的口线资源，而且有 8 kB 的存储空间，可以充分满足用户的要求。

5. 软件部分

（1）FPGA 软件部分

显示控制难点在于屏幕回扫线的消隐，这里可以采取两个措施，达到彻底清除回扫线的效果。一是利用模拟示波器的第三通道（Z 轴）实现消隐，即在锯齿波波层，通过控制 Z 轴的输入电压，使屏幕熄灭，这样可以有效地抑制场回扫线；另一是将行回扫线移向屏幕以外，使屏幕显示非常清晰，其控制流程图如图 9.16 所示。

（2）单片机软件部分

单片机软件主要实现各种触发控制和人机界面。在本系统中，主机需要通过多机通信协议控制所有从机，通过总线方式与 FPGA 通信，实现触发控制和显示控制。系统软件流程图及触发控制流程图如图 9.17 及图 9.18 所示。

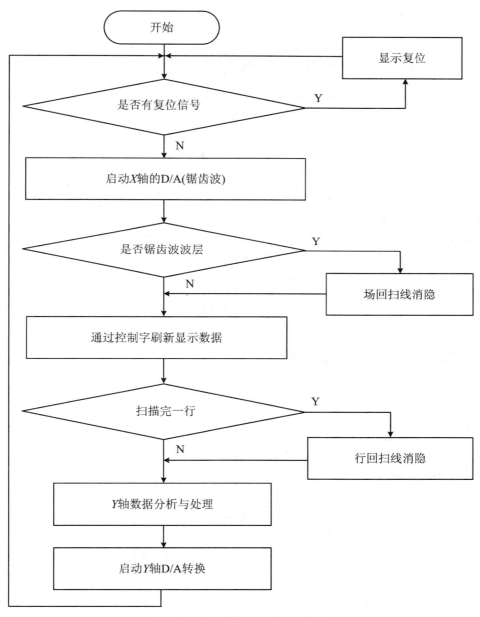

图 9.16　示波器显示控制流程图

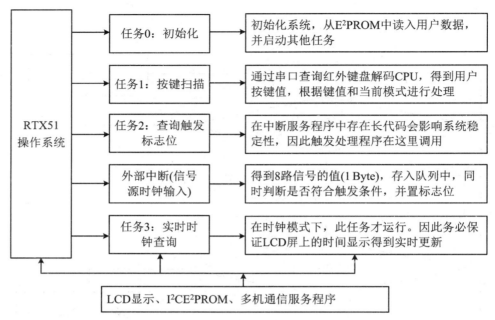

图 9.17   系统软件流程图

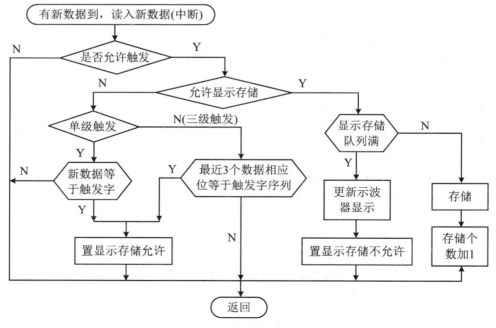

图 9.18   触发控制流程图

实验 9.4　简易数字频率计

1. 设计任务与要求

设计并制作一台数字显示的简易频率计。

（1）基本要求

① 可以测量方波、正弦波及脉冲波的幅度、周期、频率和脉冲宽度。

② 频率测量范围为 1 Hz～1 MHz，幅度测量范围为 0.5～5 V，脉冲宽度≥100 μs。

③ 以上参数除了脉冲宽度测试误差是小于 1%。其他应均小于 0.1%。

④ 十进制数字显示，显示器显示刷新时间 1～10 s 连续可调，对上述 3 种测量功能分不同颜色的发光二极管指示。

⑤ 具有自校功能，时标信号频率为 1 MHz。

⑥ 自行设计并制作满足本设计任务要求的稳压电源。

（2）发挥部分

① 扩展频率测量范围为 0.1 Hz～10 MHz（信号幅度 0.55～5 V），测试误差降低为 0.01%（最大闸门时间为 10 s）。

② 测量并显示周期脉冲信号（幅度 0.5～5 V、频率 1 Hz～1 kHz）的占空比，占空比变化范围为 10%～90%，测试误差为 1%。

③ 在 1 Hz～1 MHz 范围内及测试误差≤0.1% 的条件下，进行小信号的频率测量，提出并实现抗干扰的措施。

2. 方案设计

方案一：此方案采用中小规模的数字电路构成频率计，用计数器构成主要的测量器件，用定时器构成主要的控制模块及时标。缺点为外围芯片过多，频带太窄，系统实现起来比较复杂，功能不强。方案框图如图 9.19 所示。

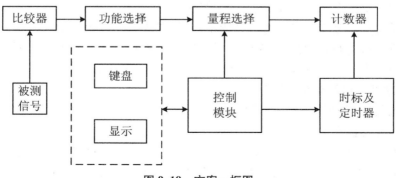

图 9.19　方案一框图

方案二：此方案采取专用频率计模块构成主要控制及测量电路。特点是结构简单,外围电路不多,功能较强。方案框图如图 9.20 所示。

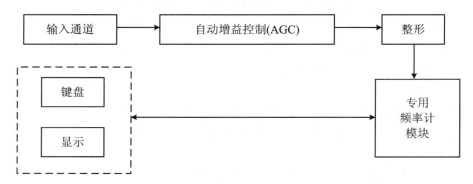

图 9.20　方案二框图

方案三:此方案采取单片机(89C52)构成主要的控制及测量模块。用大规模现场可编程逻辑器件实现外围电路,用模拟输入通道实现信号的自动增益控制及较宽的测频范围。以单片机的指令周期作为时标,具备足够精度。电路实现简单,功能较强,智能和可扩展性好。方案框图如图 9.21 所示。

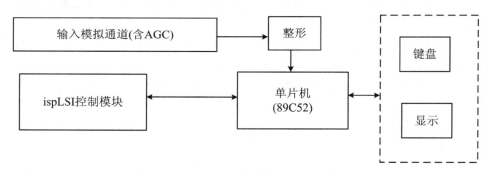

图 9.21　方案三框图

综合比较以上几种方案,考虑实验的要求,方案二不符合实验要求。方案一是用中小规模集成电路来实现的,系统电路复杂,扩展性差。在方案三中采用可编程器件和单片机,用软件的方法便可实现系统的扩展和改进,而且调试简单,因此,本设计采用方案三来实现这个系统。

2. 原理分析及电路设计

系统基本结构框图如图 9.22 所示。

(1) 输入通道

输入通道对 20 mV～5 V、频率从 0.1 Hz 到 10 MHz 的信号进行放大或限幅,并且整形,成为 TTL 电平的标准数字信号。信号先通过低噪声 JFET 输入级放大,然后通过 Mc10116 芯片完成差动放大。为了减少尖峰脉冲干扰,实现低频小信号准确测量,被测信号经放大电路后分两路进入数字测量电路,一路装有光器件,系统初测信号频率低于某一值时,则选择光通道重测。输入通道用金属外壳屏蔽,模拟通道很好的频率特性保证了后面数字电路测量的精度和频宽。

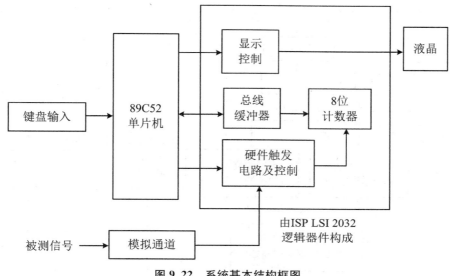

图 9.22　系统基本结构框图

（2）测量及控制部分

测量信号频率时,是在一定的闸门时间内累计其脉冲个数,会产生 1 个脉冲的量化误差。测量模块软件流程如图 9.23 所示。

当信号的频率大于中介频率时,利用计数直接测频,再取倒数可得周期,而频率小于中介频率时,利用计时直接测周期,取倒数可获频率,这样就可把量化误差控制在最小范围内。

① 频率的测量:由于系统采用 12 MHz 的晶振,仅用单片机来测量最高频率只能达到 12 MHz/24=500 kHz,故采用计数器来进行高频上限扩展。这部分电路采用硬件触发和软件计数的方法以提高测量精度。触发电路和预分频电路如图 9.24 所示。

当单片机的 P3.0 和 P3.1 置零时,D 触发器和计数器输出均清零,系统停止工作。当 P3.0 置位后,电路处于等待状态;P3.1 置位后,控制与门被打开,被测信号输入到计数器（CNT256）的 CLK 端,进行计数,8 位计数器的输出送入总线缓冲器,进位信号通过两路数据选择器（MULT）输入单片机 16 位计数器 T_0,这样便组成了 24 位计数器,保证了高频测量的需要。同时,由于 D 触发器被置位,INT_1 输入为高电平,从而打开 T_1 定时器开始定时,经过设定的闸门时间后,定时结束产生中断,P3.0 清零,停止计数。然后退过总线缓冲器读出计数器的低 8 位,再加 T_0 计数器的高 16 位,即可算得频率值。设闸门时间为 t 秒,则计算公式如下:

$$F = \frac{N}{t}$$

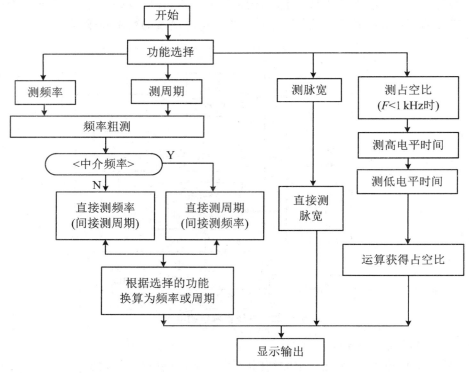

图 9.23 测量模块软件流程

当信号频率小于中介频率时,把频率换算成周期,即

$$T = \frac{1}{F}$$

② 周期的测量:采用软件捕捉信号边沿的方法来测量。开始测量时,判别第一个信号上升沿的到达,启动单片机的计数器 T_1 开始计数。当信号一个周期结束,下一个上升沿跳变时,关闭计数器,由所得计数值乘以单位计数时间即为待测信号的周期,换算后即得到其频率值。计算公式如下:

$$T = N_1 T_0$$

若被测信号的频率大于中介频率值,则把周期换算为频率,即

$$F = \frac{1}{T}$$

③ 脉冲宽度的测量:所用的原理与周期测量的相同,脉冲宽度大于 $100\ \mu s$ 时,完全可以用软件的方法判别上升沿和下降沿之间的时间间隔,即为被测脉冲宽度,其误差可以小于 0.01%。计算公式如下:

$$T_P = N_2 T_0$$

其中 N_2 为得到的计数值,T_0 为单位计数时间。

④ 占空比的测量:对于频率为 $1\ Hz$ 到 $1\ kHz$,占空比变化范围为 $10\%\sim90\%$

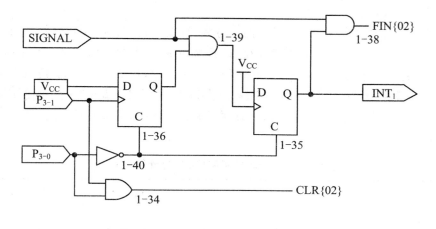

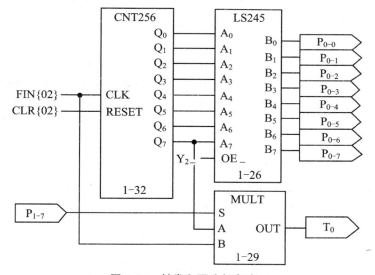

图 9.24　触发和预分频电路

的周期脉冲信号,其脉冲宽度大于 $100\,\mu s$,可以分别测得脉冲宽度和周期,两者的比值即为占空比,即

$$\frac{T_\mathrm{P}}{T} = \frac{N_2}{N_1}$$

⑤ 自校准功能的实现:自校用于检测系统工作是否正常,在本系统中采用 89C52 单片机的地址锁存信号(ALE),再经过一次二分频,得到标准的 1 MHz 的信号。把这个信号输入单片机测频,若测得为 $1\,\mathrm{MHz}\pm 10\,\mathrm{Hz}$,则系统工作正常,并显示有关信息。否则显示错误信息。

⑥ 显示刷新时间的调整:系统每过一定的时间把所测数据送往液晶显示器,并可依据按键信息设定刷新时间 1～10 s 连续可调。

（3）外围电路

外围辅助电路实现对输入信号的预分频、触发计数、总线缓冲及显示控制。本系统采用 Laticc 公司的一片 ISPLSI2032 现场可编程逻辑器件，实现了几乎所有的外围电路，大大简化了电路。Laticc 的 ISP 系列芯片有一套电子设计自动化（EDA）软件作为设计工具，可以采用原理图输入和 AHDL 语言来实现硬件逻辑，且可以对所构成电路进行模拟仿真，方便了调试。ISPLSI2032 可编程逻辑器件性能参数如表 9.6 所示。

表 9.6 ISPLSI2032 可编程逻辑器件性能参数

F_{max}	T_{PD}	PLD 门数	I/O 端口数
180 MHz	5.0 ns	1 000	34

可见，ISPLSI2032 的最高工作频率和传送时延完全能满足系统的要求。

（4）键盘及显示部分

由 89C52 的 P_1 口构成键盘和工作状态指示。在尽量简化系统的构成而又不影响功能的前提下，键盘由 4 个按键组成，工作于中断方式。显示部分选用液晶模块，频率值由 8 位整数和 2 位小数组成（单位为 Hz），周期和脉宽由 8 位整数组成（单位：s）。当频率小于 1 kHz 时，显示占空比。

（5）电源部分

系统电源为简易开关电源，核心器件为 3842PWM 控制器，3842 为单端输出电路，它是一种高性能的固定频率电流型控制器电路，可很好地应用在隔离式单端开关电源的设计以及 DC/DC 电源变换器的设计中。优点是外接元件少，外电路装配简单。开关电源可以减小电源的体积并提高电源的效率。

实验 9.5 数字电子钟电路设计

数字电子钟是一种用数字钟显示秒、分、时、日的计时装置，与传统的机械钟相比，它具有走时准确、显示直观、无机械传动装置等优点，因而得到广泛的应用。

1. 设计任务和要求

设计并制作一电子钟，要求电子钟具有以下功能：

① 秒、分为 00～59 的 60 进制计数器。

② 时为 00～23 的 24 进制计数器。

③ 周显示从 1～7 为 7 进制计数器。

④ 可手动校正：能分别进行秒、分、时、日的校正。将开关置于手动位置时，可分别对秒、分、时、日进行手动脉冲输入调整或连续脉冲输入的校正。

⑤ 整点报时。整点时要求先鸣叫 5 次低音（500 Hz），再鸣叫一次高音（1 000 Hz）。

2. 电路设计

数字电子钟主要包括秒脉冲发生器、校正电路、60 进制秒、分计数器及 24 进制(或 12 进制)计时计数器以及秒、分、时译码显示电路,其组成框图如图 9.25 所示。

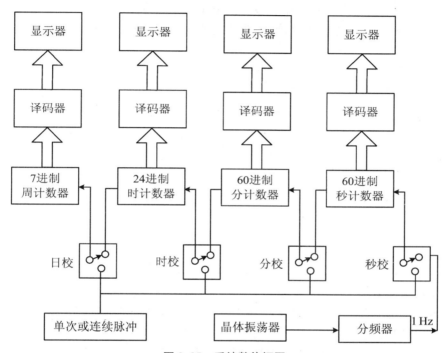

图 9.25 系统整体框图

(1) 秒脉冲发生器

秒脉冲发生器是数字钟的核心部分,它的精度和稳定度决定了数字钟的质量,通常用晶体振荡器发生的脉冲经过整形、分频获得 1 Hz 的秒脉冲。如晶振为 32 768 Hz,通过 15 次二分频后获得 1 Hz 的脉冲输出,电路图如图 9.26 所示。

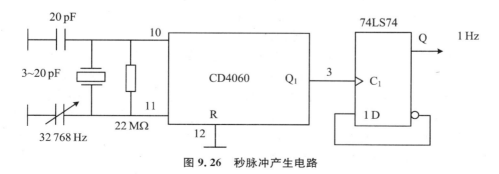

图 9.26 秒脉冲产生电路

（2）计数译码显示电路

秒、分、时和日分别为 60,60,24 和 7 进制计数器。秒、分均为 60 进制,即显示 00～59,它们的个位为 10 进制,10 位为 6 进制。时为 24 进制计数器,显示为 00～23,其个位为 10 进制,10 位为 3 进制,即当 10 进位进到 2,个位计到 4 时清零,这就是 24 进制了。周为 7 进制数,按人们一般的概念一周的显为星期"日、1、2、3、4、5、6",所以设计这 7 进制计数器,应根据译码显示器的状态表来进行,如表 9.7 所示。

表 9.7　状态表

Q_4	Q_3	Q_2	Q_1	显示
1	0	0	0	日
0	0	0	1	1
0	0	1	0	2
0	0	1	1	3
0	1	0	0	4
0	1	0	1	5
0	1	1	0	6

按状态表不难设计出"日"计数器的电路(日用数字 8 表示)。所有计数器的译码显示均采用 BCD 17 段译码器,显示器采用共阴或共阳的显示器。

（3）校正电路

在刚刚开机接通电源时,由于日、时、分、秒为任意值,所以需进行调整。置开关于手动位置,分别对时、分、秒、日进行单独计数,计数脉冲由单次脉冲或连续脉冲输入。

（4）整点报时电路

当时计数器在每次计到整点前 6 s 时,需要报时,这可用译码电路来解决。即当分为 59 时,则秒在计数计到 54 时,输出一延时高电平,直至秒计数器计到 58 时,结束这高电平脉冲打开低音与门,使报时声按 500 Hz 频率鸣叫 5 声,而秒计到 59 时,则要驱动高音 1 kHz 频率输出而鸣叫 1 声。

根据设计任务和要求,数字电子钟整个参考图如图 9.27 所示。

图 9.27 中,秒脉冲电路由晶振 32 768 Hz 经 14 分频器分频为 2 Hz,再经一次分频,即得 1 Hz 秒脉冲,供时钟计数器用;单次脉冲、连续脉冲由门电路构成,其主要是供手动校验时用,若开关 K_1 打在单次端,要调整日、时、分、秒即按单次脉冲进行校正。如 K_1 在单次,K_2 在手动,则此时按单次脉冲键,使用计数器从星期一到星期日计数。若开关 K_1 处于连续端,则校正时,不需要按单次脉冲,即可进行校正。

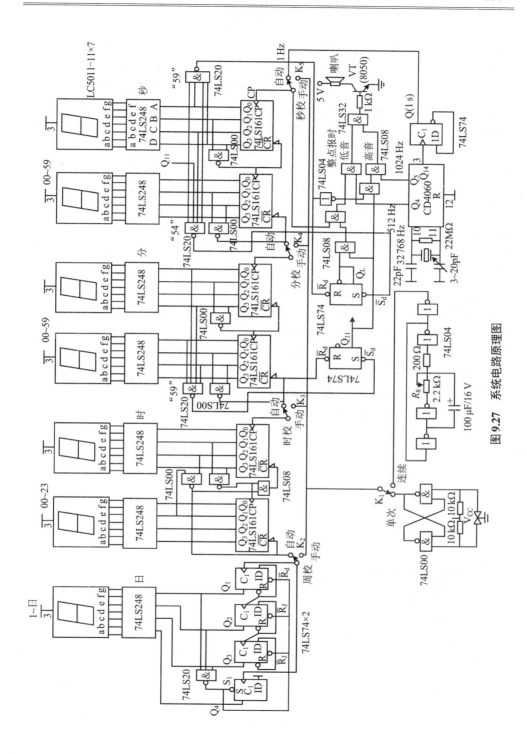

图 9.27 系统电路原理图

图中，秒、分、时、日计数器均使用中规模集成电路 74LSI61 实现秒、分、时的计数，其中秒、分为 60 进制，时为 24 进制。从图 9.27 中可发现，秒、分两组 60 进制计数电路完全相同。当计数到 59 时，再来一个脉冲变成 00，然后再重新开始计数。图中利用"异步清零"反馈到 $\overline{CR}$ 端，而实现个位 10 进制，十位 6 进制的功能。时计数器为 24 进制，当开始计数时，个位按 10 进制计数，当计到 23 时，这时再来一个脉冲，应该回到"零"。所以，这里必须使个位即能完成 10 进制计数，又能在高低位满足"23"这一数字后，时计数器清零，图 9.27 中采用了十位的 2 和个位的 4 相"与非"后再清零。对于日计数器电路，它是由 4 个 D 触发器组成（也可用 JK 触发器）的，其逻辑功能满足了表 9.7，即当计数器计到 6 后，再来一个脉冲，用 7 的瞬态将 Q_4，Q_3，Q_2，Q_1 置数，即为"1 000"，重新显示"日"(8)。

整点报时电路当计数到整点的 6 s，此时应该准备报时。当计到 59 分时，将分触发器 Q_H 置 1，而等到秒计数到 54 s 时，将秒触发器 Q 置 1，然后通过 Q_L 与 Q_H 相"与"后再和 1 s 标准秒信号相"与"，而去控制低音喇叭鸣叫，直至 59 s 时，产生一个复位信号，使 Q_L 清 0，停止低音鸣叫，同时 59 s 信号的反相又和 Q_H 相"与"后去控制高音喇叭鸣叫。当计到分、秒从 59：59 到 00：00 时，鸣叫结束，完成整点报时。图 9.27 中鸣叫电路由高、低两种频率通过或门去驱动一个三极管，带动喇叭鸣叫。1 kHz 和 500 Hz 从晶振分频器近似获得。如图 9.27 中的 CD4060 分频器的输出端 Q_5 和 Q_6，Q_5 输出频率为 1 024 Hz，Q_6 为 512 Hz。

图 9.27 中，译码显示很简单，采用共阴极 LED 数码管和译码器 74LS248，当然也可用共阳极数码管和译码器。

实验 9.6　数字温度计

1. 设计任务

设计制作一个数字温度计。

2. 设计要求

（1）基本要求

① 测量温度范围为 0～150 ℃。

② 测温精度为 ±1 ℃。

③ 利用数码管显示温度。

（2）发挥部分

温度传感器自己选择，可采用单片机进行设计。

第 4 篇　Multisim 仿真实验

第 10 章　Multisim 软件介绍

第 11 章　Multisim 仿真实验

第 10 章 Multisim 软件介绍

Multisim 是 IIT 公司推出的电路仿真软件。Multisim 9 提供了全面集成化的设计环境,完成从原理图设计输入、电路仿真分析到电路功能测试等工作。当改变电路连接或改变元件参数,对电路进行仿真时,可以清楚地观察到各种变化对电路性能的影响。

10.1 基本界面

Multisim 的基本界面如图 10.1 所示。

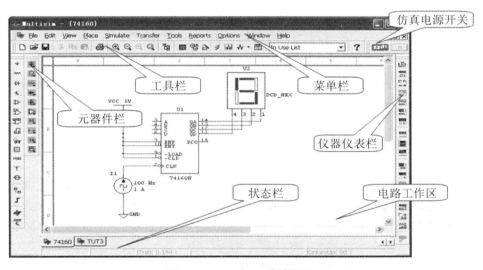

图 10.1 Multisim 系统界面

10.2 文件基本操作

与 Windows 常用的文件操作一样,Multisim 中也有:New——新建文件、Open——打开文件、Save——保存文件、Save As——另存文件、Print——打印文件、Print Setup——打印设置和 Exit——退出等相关的文件操作。

以上这些操作可以在菜单栏 File 子菜单下选择命令,也可以使用快捷键或工具栏的图标进行快捷操作。

10.3　元器件基本操作

常用的元器件编辑功能有：90 Clockwise(顺时针旋转 90°)、90 CounterCW(逆时针旋转 90°)、Flip Horizontal(水平翻转)、Flip Vertical(垂直翻转)、Component Properties(元件属性)等(见图 10.2)。这些操作可以在菜单栏 Edit 子菜单下选择命令，也可以使用快捷键进行快捷操作。

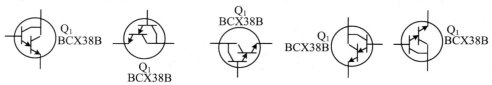

(a) 原始图像　　(b) 顺时针旋转90°　(c) 逆时针旋转90°　　(d) 水平翻转　(e) 垂直翻转

图 10.2　常用的元器件编辑功能

10.4　文本基本编辑

文字注释方式有两种：直接在电路工作区输入文字或者在文本描述框输入文字，两种操作方式有所不同。

10.4.1　电路工作区输入文字

单击 Place/Text 命令或使用"Ctrl"+"T"快捷操作，然后用鼠标单击需要输入文字的位置，输入需要的文字。用鼠标指向文字块，单击鼠标右键，在弹出的菜单中选择 Color 命令，选择需要的颜色。双击文字块，可以随时修改输入的文字。

10.4.2　文本描述框输入文字

利用文本描述框(图 10.3)输入文字不占用电路窗口，可以对电路的功能、实用说明等进行详细的说明，可以根据需要修改文字的大小和字体。单击 View/Circuit Description Box 命令或使用快捷操作"Ctrl"+"D"，打开电路文本描述框，在其中输入需要说明的文字，可以保存和打印输入的文本。

10.5　图纸标题栏编辑

单击 Place/Title Block 命令，在打开对话框的查找范围处指向 Multisim/

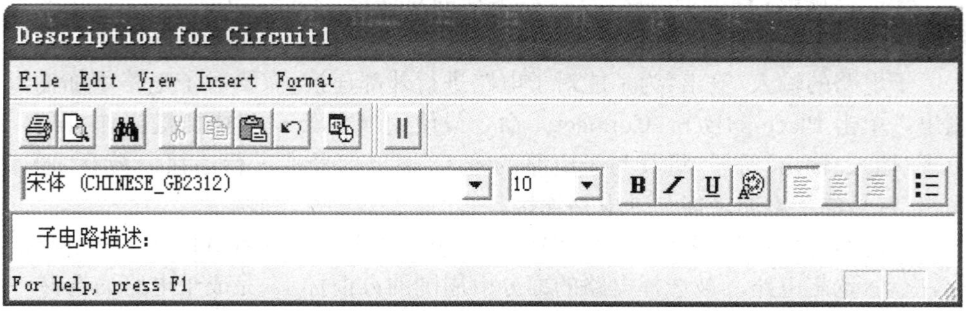

图 10.3　电路文本描述框

Titleblocks 目录,在该目录下选择一个名为 * . tb7 的图纸标题栏文件,放在电路工作区。用鼠标指向文字块,单击鼠标右键,在弹出的菜单中选择 Properties 命令,如图 10.4 所示。

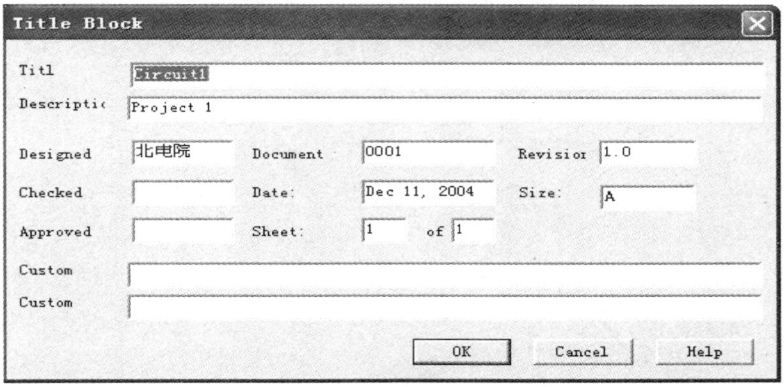

图 10.4　图纸标题栏

10.6　子电路创建

　　子电路是用户自己建立的一种单元电路。将子电路存放在用户器件库中,可以反复调用。利用子电路可使复杂系统的设计模块化、层次化,可增加设计电路的可读性、提高设计效率、缩短电路设计周期。创建子电路的工作需要经过以下几个步骤:选择、创建、调用、修改。

　　子电路创建:单击 Place/Replace by Subcircuit 命令,在屏幕出现 Subcircuit Name 的对话框中输入子电路名称 sub1,单击"OK",选择电路复制到用户器件库,同时给出子电路图标,完成子电路的创建。

　　子电路调用:单击 Place/Subcircuit 命令或使用"Ctrl"+"B"快捷操作,输入已创建的子电路名称 sub1,即可使用该子电路。

子电路修改：双击子电路模块，在出现的对话框中单击 Edit Subcircuit 命令，屏幕显示子电路的电路图，直接修改该电路图。

子电路的输入/输出：为了能对子电路进行外部连接，需要对子电路添加输入/输出。单击 Place/HB/SB Connecter 命令或使用"Ctrl"＋"I"快捷键操作，屏幕上出现"输入/输出"符号，将其与子电路的输入/输出信号端进行连接。带有"输入/输出"符号的子电路才能与外电路连接。

子电路选择：把需要创建的电路放到电子工作平台的电路窗口上，按住鼠标左键，拖动，选定电路。被选择电路的部分由周围的方框标示，完成子电路的选择。

第 11 章　Multisim 仿真实验

实验 11.1　单级放大电路

1. 实验目的

① 熟悉 Multisim 9 软件的使用方法。

② 掌握放大器静态工作点的仿真方法及其对放大器性能的影响。

③ 学习放大器静态工作点、电压放大倍数、输入电阻、输出电阻的仿真方法，了解共射极电路特性。

2. 虚拟实验仪器及器材

① 双踪示波器。

② 信号发生器。

③ 交流毫伏表。

④ 数字万用表。

3. 实验步骤

① 启动 Multisim 如图 11.1 所示。

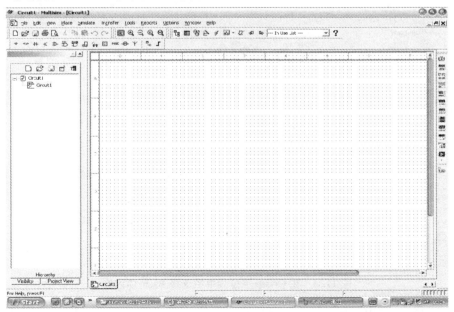

图 11.1　Multisim 启动界面

② 单击菜单栏上 Place/Component，弹出如图 11.2 所示的 Select a Component 对话框。

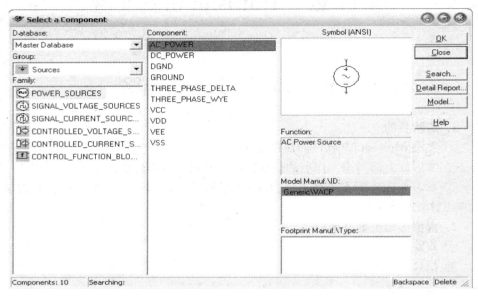

图 11.2　Select a Component 对话框

③ 在 Group 下拉菜单中选择 Basic，如图 11.3 所示。

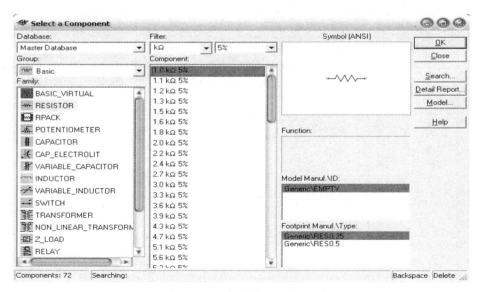

图 11.3　在 Group 下拉菜单中选择 Basic 中内容

④ 选中 Resistor，此时在右边列表中选中 1.5 kΩ 5％电阻，点击"OK"按钮。

此时该电阻随鼠标一起移动,在工作区适当位置点击鼠标左键,如图 11.4 所示(因本书所用计算机仿真软件限制,计算机仿真电路图中无法显示斜体与下标,故一律按平排正体处理)。

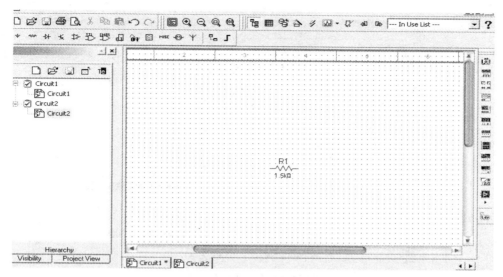

图 11.4　选中 1.5 kΩ 5%电阻

⑤ 把图 11.5 所示的所有电阻放入工作区。

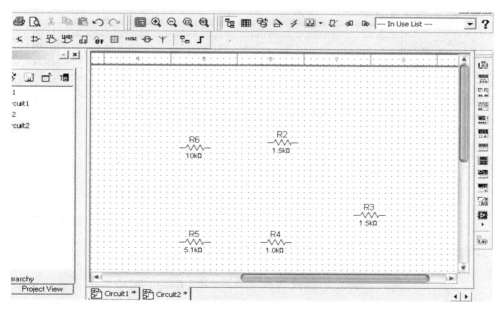

图 11.5　所有电阻放入工作区

⑥ 按图 11.6 所示选取两个 10 µF 电容,放在工作区适当位置。

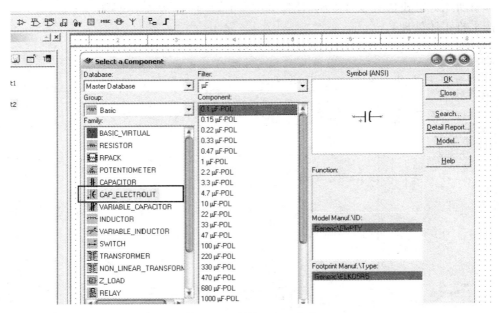

图 11.6　选择 10 µF 电容

结果如图 11.7 所示。

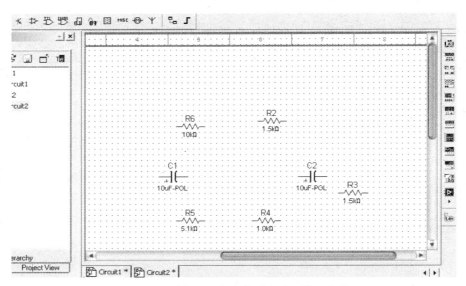

图 11.7　选择 10 µF 电容后电路工作区内容

⑦ 按图 11.8 所示选取滑动变阻器。

⑧ 按图 11.9 所示选取三极管。

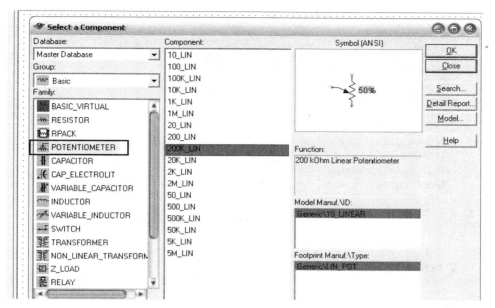

图 11.8　选择滑动变阻器

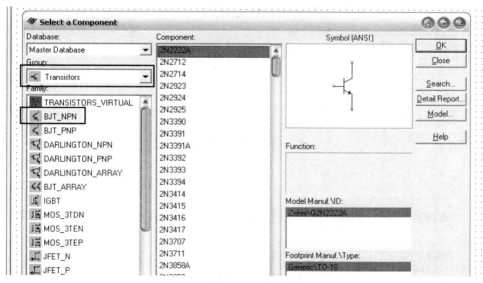

图 11.9　选择三极管

⑨ 按图 11.10 所示选取信号源。

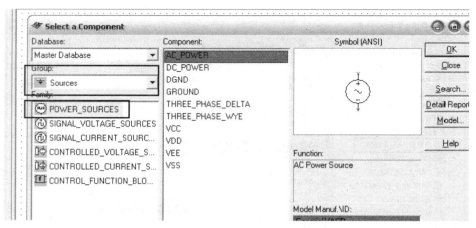

图 11.10　选择信号源

⑩ 按图 11.11 所示选取直流电源。

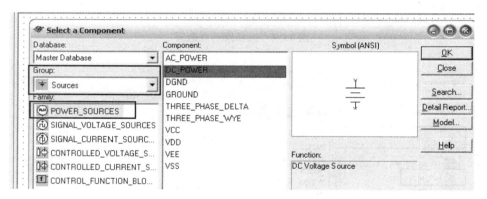

图 11.11　选择直流电源

⑪ 按图 11.12 所示选取(接)地。

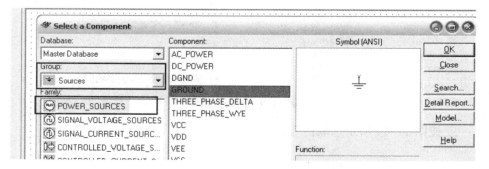

图 11.12　选取(接)地

⑫ 元器件放置如图 11.13 所示。

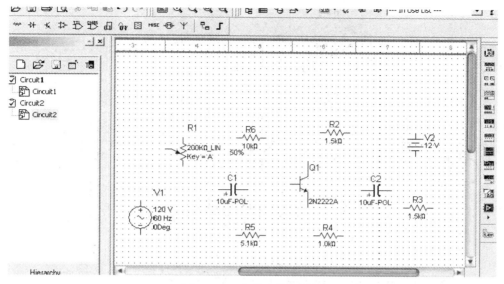

图 11.13　电路工作区元件

⑬ 元件的移动与旋转：单击元件不放，便可以移动元件的位置；单击元件（就是选中元件），点击鼠标右键，如图 11.14 所示，便可以旋转元件。

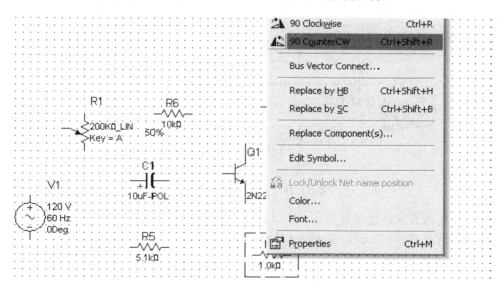

图 11.14　元件的移动与旋转及右键快捷菜单

⑭ 调整所有元件如图 11.15 所示。

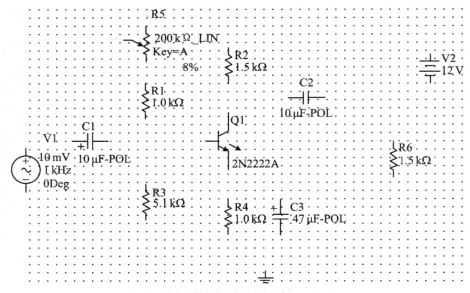

图 11.15　调整后电路工作区元件图

⑮ 把鼠标移动到元件的管脚,单击,便可以连接线路,如图 11.16 所示。

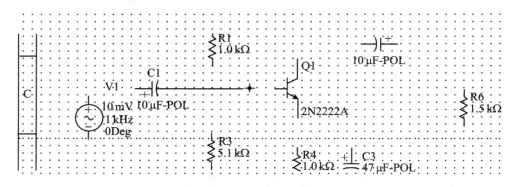

图 11.16　元件管脚连接方法

⑯ 把所有元件连接成如图 11.17 所示电路。

⑰ 选择菜单栏 Options/Sheet Properties,如图 11.18 所示。

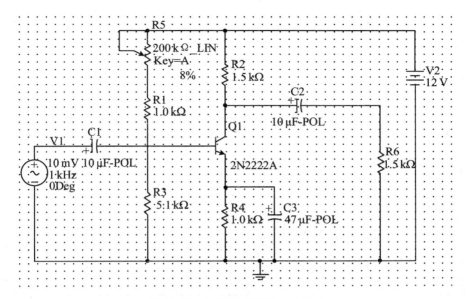

图 11. 17 元件连接后形成的电路

图 11. 18 Options/Sheet Properties 菜单项

⑱ 在弹出的对话框中选取 Show All，如图 11. 19 所示。

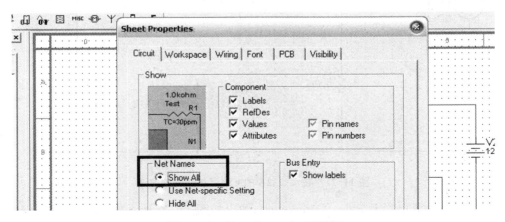

图 11. 19 Sheet Properties 对话框

⑲ 电路中每条线路上都会出现编号，以便后续的仿真，如图 11. 20 所示。

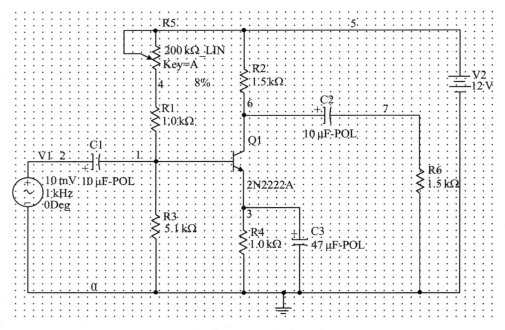

图 11.20　每条线路上出现编号

　　⑳ 如果要在 2N222A 的 e 端加上一个 100 Ω 电阻,可以先选中"3"这条线路,然后按键盘"DEL"键,就可以删除,如图 11.21 所示。

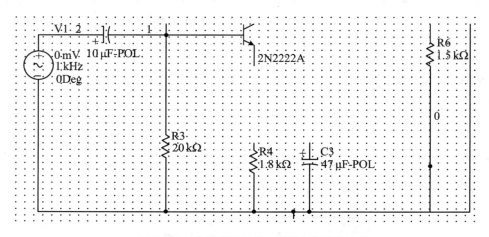

图 11.21　在 2N222A 的 e 端添加和删除方法

　　㉑ 点击菜单栏上 Place/Component,弹出如图 11.22 所示的 Select a Component 对话框,选取 BASIC_VIRTUAL,然后选取 RESISTOR_VIRTUAL,再点击"OK"按钮。

　　注意:这是虚拟电阻(都带有_VIRTUAL),因为只有虚拟电阻才能更改其阻值！同样，电容、电感、三极管等元件，只有虚拟元件才能更改其参数。

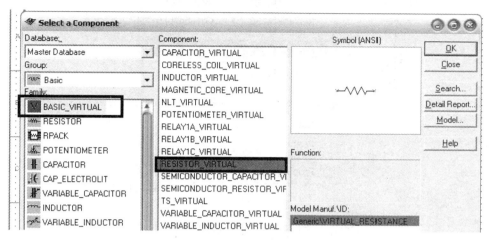

图 11.22　Select a Component 对话框

㉒ 最终电路如图 11.23 所示。

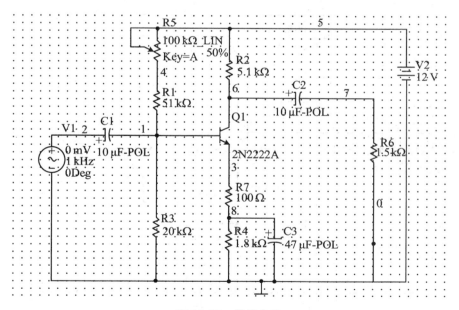

图 11.23　最终电路

　　注意：该电路当中元件阻值与前面几个步骤中阻值不一样，更改的方法是：如果要把"R3"从 5.1 kΩ 更改为 20 kΩ，选中"R3"电阻，右键，如图 11.24 所示。之后，重新选取 20 kΩ 电阻便会自动更换。

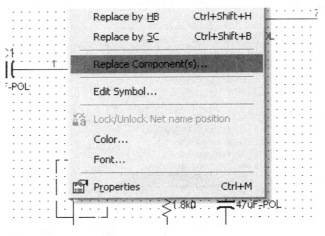

图 11.24　元件替换方法

㉓ 单击仪表工具栏中的万用表，按图 11.25 所示放置。

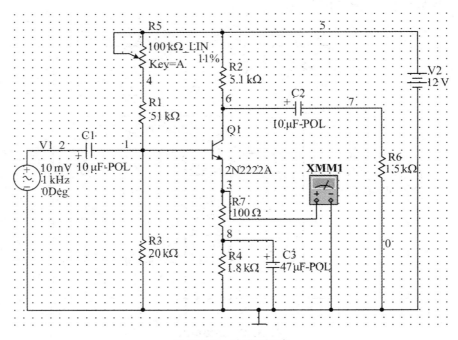

图 11.25　放置万用表

㉔ 单击工具栏中 运行按钮，便进行数据的仿真。之后，双击 图标，就可以观察三极管 e 端对地的直流电压，如图 11.26 所示。

　　然后,单击滑动变阻器如图 11.27,会出现一个虚框,之后,按键盘上的"A"键,就可以增加滑动变阻器的阻值,按"Shift"+"A"便可以降低其阻值。

图 11.26　三极管 e 端对地的直流电压

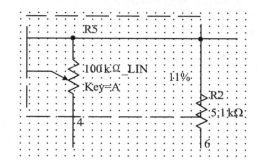

图 11.27　滑动变阻器阻值增加和减少

　　㉕ 静态数据仿真:

a. 调节滑动变阻器的阻值,使万用表的数据为 2.2 V。

b. 执行菜单栏中 Simulate/Analyses/DC Operating Point…

c. 如图 11.28 所示操作。

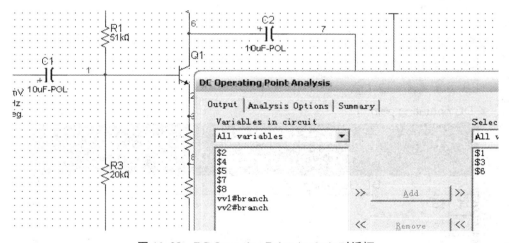

图 11.28　DC Operating Point Analysis 对话框

　　注意:$1 就是电路图中三极管基级上的 1,$3、$6 分别是发射极和集电极上的 3 和 6。

d. 点击对话框上的 Simulate,如图 11.29 所示。

e. 结果如图 11.30 所示。

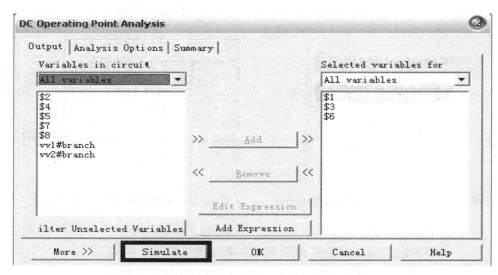

图 11. 29 DC Operating Point Analysis 对话框中 Simulate

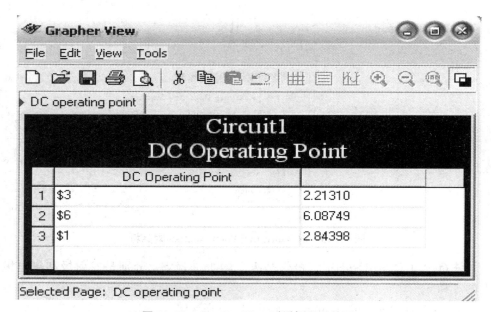

图 11. 30 Grapher View 对话框显示结果

f. 记录数据,填入表 11. 1。

表 11.1

仿真数据(对地数据)(V)			计算数据(V)		
基级	集电极	发射级	V_{be}	V_{ce}	R_p

R_p 的值,等于滑动变阻器的最大阻值乘上百分比。

㉖ 动态仿真:

a. 单击仪表工具栏中的第四个选项(即:示波器 Oscilloscope),放置如图 11.31 所示,并且连接电路。

注意:示波器分为两个通道,每个通道有＋和－,连接时只需用＋即可,示波器默认的地已经连接好。观察波形图时会出现不知道哪个波形是哪个通道的情况,解决方法是更改连接通道的导线颜色,即:右键单击导线,弹出右键菜单,单击 Wire Color,可以更改颜色,同时示波器中波形颜色也随之改变。

b. 右击 V1,出现如图 11.31 所示菜单,单击 Properties,出现 POWER_SOURCES 对话框(图 11.32),把 Voltage 的数据改为 10 mV,把 Freguency 的数据改为 1 kHz,点确定。

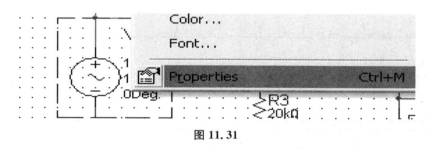

图 11.31

c. 单击工具栏中 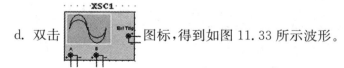 运行按钮,便进行数据的仿真。

d. 双击 图标,得到如图 11.33 所示波形。

注意:如果波形太密或者幅度太小,可以调整 Scale 里边的数据,如果还不清楚,可以参照第 1 章中示波器的使用。

e. 记录波形,并说出它们的相位有何不同。

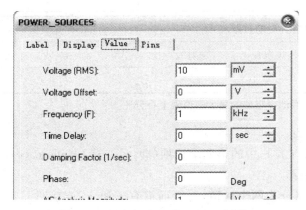

图 11.32　POWER_SOURCES 对话框

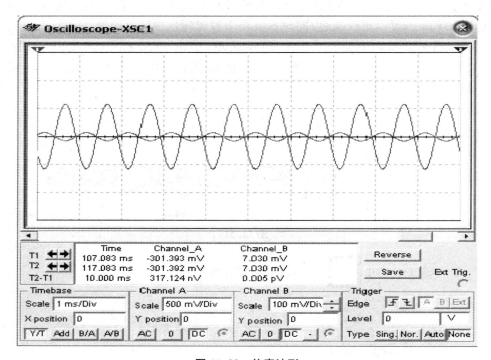

图 11.33　仿真波形

4. 思考题

① 画出如图 11.34 所示的电路。

② 如何把如图 11.35 所示的元件水平翻转和垂直翻转?

③ 如何更改元件的数值?

④ 如果去掉实验中的"R7"(100 Ω 电阻),输出波形会有何变化? 动手仿真看

一看。

⑤ 元件库中有些元件后带有 VIRTUAL，它表示什么意思？

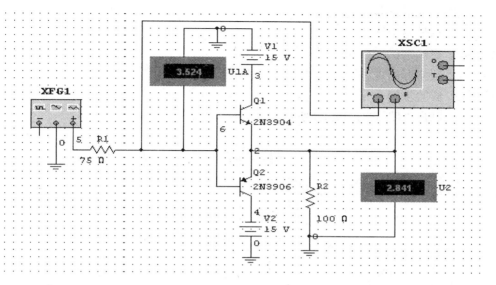

图 11.34　仿真电路图

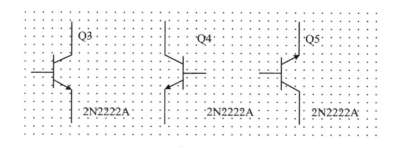

图 11.35　实现元件水平翻转和垂直翻转

实验 11.2　射极跟随器

1. 实验目的

① 熟悉 Multisim 9 软件的使用方法。

② 掌握放大器静态工作点的仿真方法及其对放大器性能的影响。

③ 学习放大器静态工作点、电压放大倍数、输入电阻、输出电阻的仿真方法，了解共射极电路特性。

④ 学习 Multisim 9 参数扫描方法。

⑤ 学会开关元件的使用。

2. 虚拟实验仪器及器材

① 双踪示波器。

② 信号发生器。

③ 交流毫伏表。

④ 数字万用表。

3. 实验步骤

① 画出电路,如图 11.36 所示。

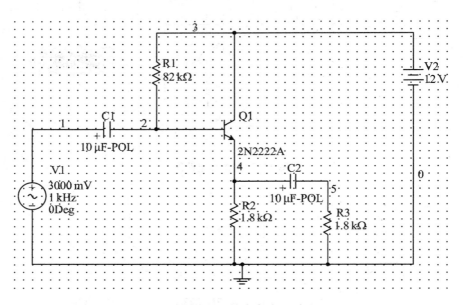

图 11.36　仿真电路图

② 直流工作点的调整。

如图 11.36 所示,V_1 频率 1 kHz、$V_1 = 3$ V、$R_1 = 82$ kΩ、$R_2 = 1.8$ kΩ。通过扫描电阻 R_1 的阻值,在输入端输入稳定的正弦波信号,通过观察输出 5 端的波形,使其为最大不失真波形,此时,便可以确定 Q_1 的静态工作点。具体步骤如下:

a. 选择菜单栏中 Simulate/Analyses/Parameter Sweep,如图 11.37 所示。

b. 参数设置如图 11.38 所示。

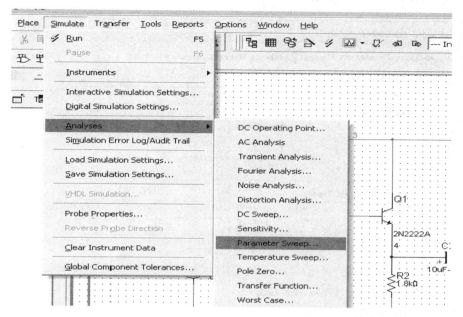

图 11.37　Parameter Sweep 选择方法

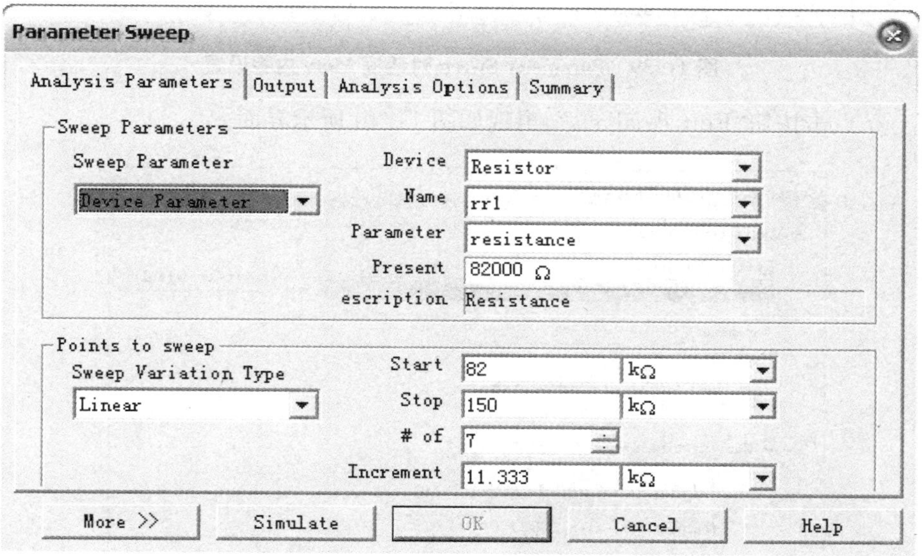

图 11.38　Parameter Sweep 对话框参数设置

c. 点击图 11.38 中按钮"More≫"，出现如图 11.39 所示界面。

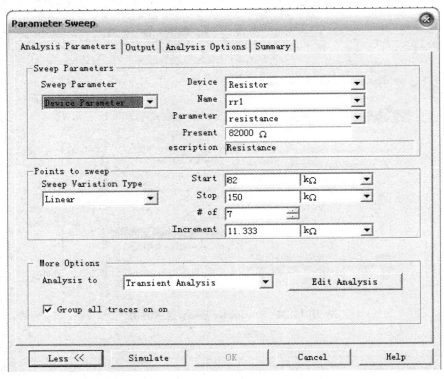

图 11.39　**Parameter Sweep** 对话框 **More** 内容设置

③ 点击按钮"Edit Analysis"，出现如图 11.40 所示界面。

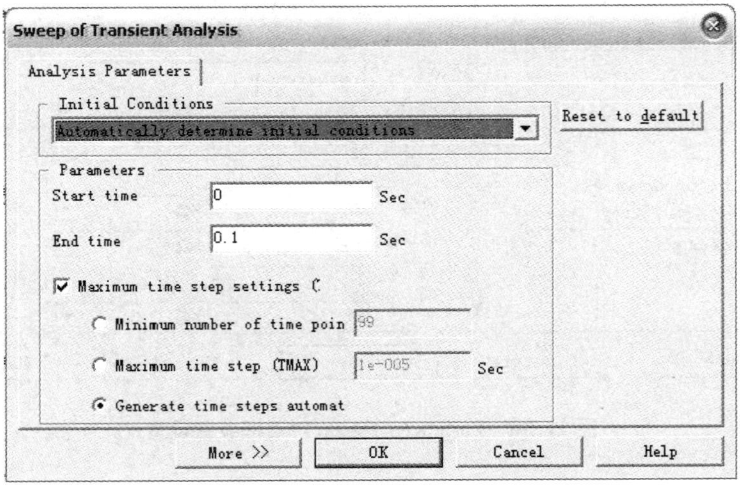

图 11.40　**Edit Analysis** 对话框

　　注意:把其中的 End Time 设置为 0.1 s,如果数值太大,计算机的计算时间将会变得很长。

　　④ 点击"OK"按钮。

　　⑤ 设置输出。

　　如图 11.41 所示,点击"OK"按钮。其中的 $ 5 就是输出电阻上的"5"编号。

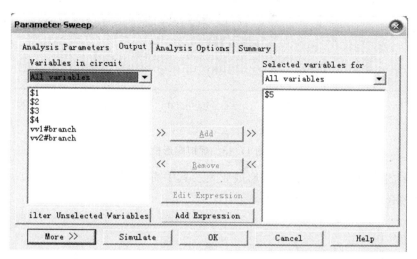

图 11.41　输出设置

　　⑥ 点击"Simulate"按钮。

　　⑦ 出现如图 11.42 所示图形。

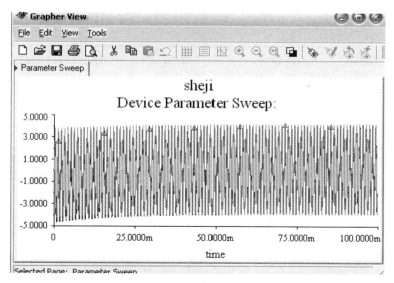

图 11.42　仿真波形

⑧ 用鼠标左键单击图形,选出一个虚拟矩形框,如图 11.43 所示。

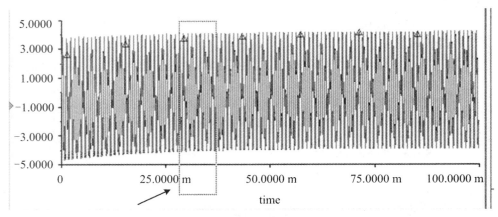

图 11.43　虚拟矩形框

⑨ 结果如图 11.44 所示,图形被放大。其中有很多条用不同颜色表示的仿真图形重叠在一起。

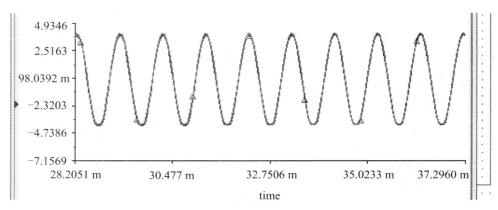

图 11.44　图形被放大

⑩ 单击工具栏 ┃┃ 图标,便出现如图 11.45 所示数据。

找"max y"和"min y"所对应行的数据,它们数据差别最小的便是我们要的数据。找到它所对应的电阻阻值(本例中为 138 kΩ),去更改 R_1 的阻值。

⑪ 更改电路图如图 11.46 所示。

⑫ 进行静态工作点仿真,选择菜单栏中 Simulate/Analyses/Dc Operating Point,如图 11.47 所示。

Device Parameter Sweep:			
	$5, rr1 resistance=820	$5, rr1 resistance=933	$5, rr1 resist
x1	28.2051m	28.2051m	
y1	3.5777	3.6866	
x2	28.2051m	28.2051m	
y2	3.5777	3.6866	
dx	0.0000	0.0000	
dy	0.0000	0.0000	
1/dx			
1/dy			
min x	0.0000	0.0000	
max x	100.0000m	100.0000m	1
min y	−4.6736	−4.5641	
max y	4.1313	4.1576	
offset x	0.0000	0.0000	
offset y	0.0000	0.0000	

图 11. 45   Device Parameter Sweep 对话框

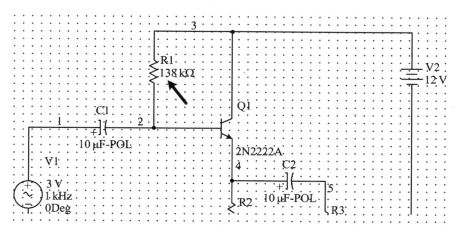

图 11. 46   更改电路图

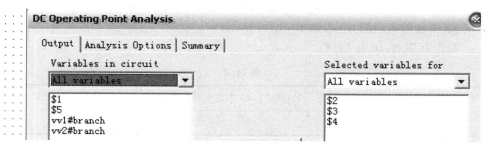

图 11. 47   DC Operating Point 对话框

⑬ 单击 Simulate，把所仿真数据填入表 11.2。

表 11.2

V_b	V_c	V_e	$I_e = V_e/R_e$

⑭ 测量电压放大倍数（图 11.48）。

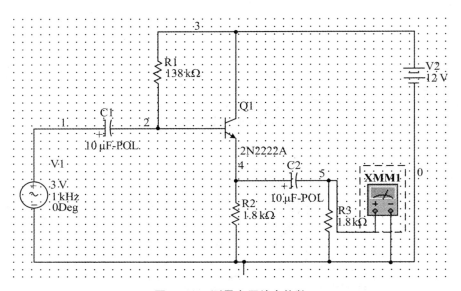

图 11.48　测量电压放大倍数

双击万用表，挡位调至交流，此时把数据填入表 11.3。

表 11.3

V_i（单位）	V_o（单位）	$A_v = V_o/V_i$

⑮ 测量输入电阻，电路如图 11.49 所示。

双击万用表，填表 11.4。

表 11.4

V_s（图 11.49 中 1 端电压）	V_i（图 11.49 中端电压）	$R_i = V_i \cdot R_s/(V_s - V_i)$

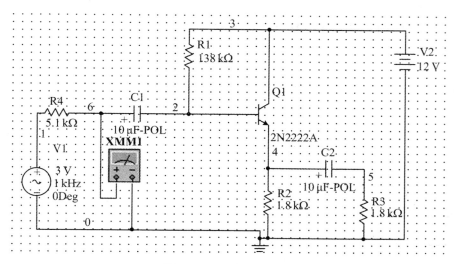

图 11.49　测量输入电阻

⑯ 测量输出电阻,电路如图 11.50 所示。

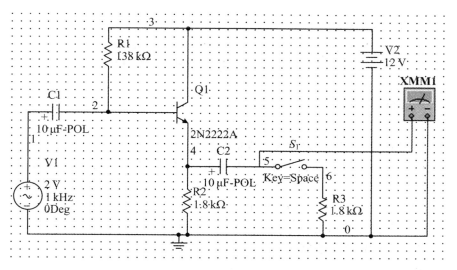

图 11.50　测量输出电阻

填表 11.5。

表 11.5

V_o(就是开关打开时)	V_L(就是开关闭合时)	$R_o = (V_o - V_L) \cdot R_L / V_L$

4. 思考题

① 创建图 11.51 所示的整流电路,并进行仿真,观察输入和输出波形。

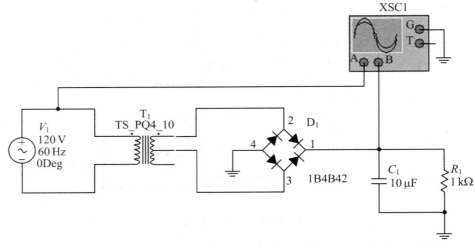

图 11.51   整流电路仿真

② 分析射极跟随器的性能和特点。

实验 11.3   差动放大电路

1. 实验目的

① 熟悉 Multisim 9 软件的使用方法。

② 掌握差动放大电路对放大器性能的影响。

③ 学习差动放大器静态工作点、电压放大倍数、输入电阻、输出电阻的仿真方法。

④ 学习掌握 Multisim 9 交流分析。

⑤ 学会开关元件的使用。

2. 虚拟实验仪器及器材

① 双踪示波器。

② 信号发生器。

③ 交流毫伏表。

④ 数字万用表。

3. 实验步骤

如图 11.52 所示,输入电路。

(1) 调节放大器零点

把开关 S_1 和 S_2 闭合,S_3 打在最左端,启动仿真,调节滑动变阻器的阻值,使得万用表的数据为 0(尽量接近 0,如果不好调节,可以减小滑动变阻器的 Increment 值),将数据填入表 11.6。

表 11.6

测量值	Q₁			Q₂			R₉
	C	B	E	C	B	E	U
S₃ 在左端							
S₃ 在第二							

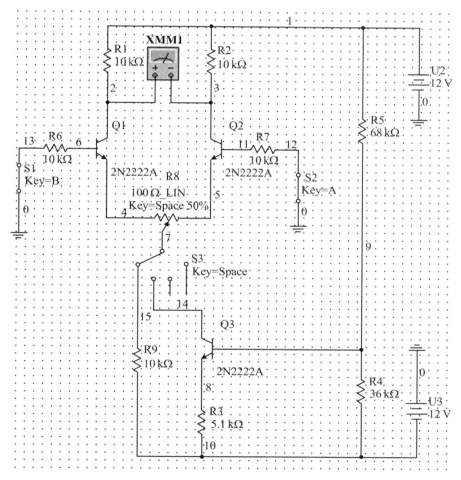

图 11.52 差动放大电路仿真电路图

(2) 测量差模电压放大倍数

按图 11.53 所示更改电路,把相应数据填入表 11.7。

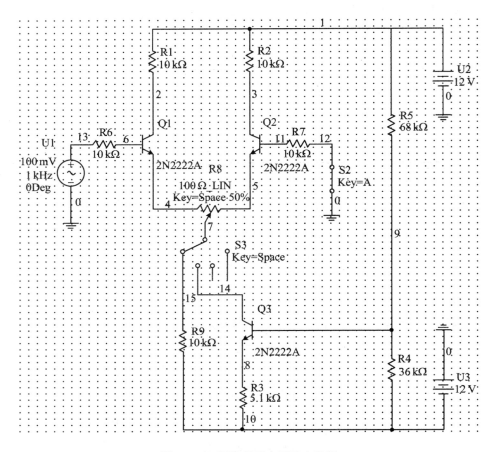

图 11.53   测量差模电压放大倍数

表 11.7

	典型差动放大电路		恒流源差动放大电路	
	双端输入	共模输入	双端输入	共模输入
U_i	100 mV	1 V	100 mV	1 V
U_{c1} (V)				
U_{c2} (V)				
$A_{d1}=U_{c1}/U_{c2}$		无		无
$A_d=U_o/U_i$		无		无
$A_{c1}=U_{c1}/U_i$		无		无
$A_c=U_o/U_i$	无		无	
$CMRR=\vert A_{d1}/A_{c1}\vert$				

（3）测量共模电压放大倍数

按图 11.54 所示更改电路。

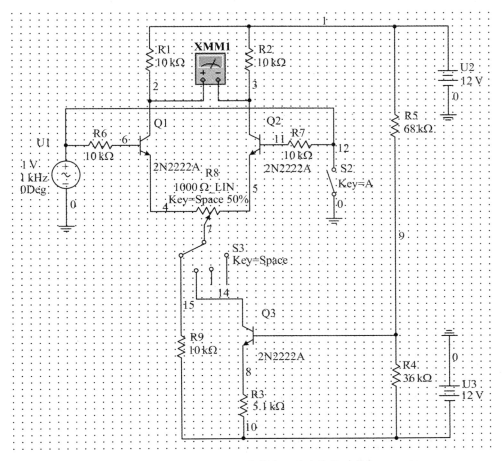

图 11.54　测量共模电压放大倍数

把仿真数据填入表 11.7。

4. 思考题

① 分析典型差动放大电路单端输出时 CMRR 的实测值与具有恒流源的差动放大电路 CMMR 实测值比较。

② 分析图 11.55 中电路的通频带。

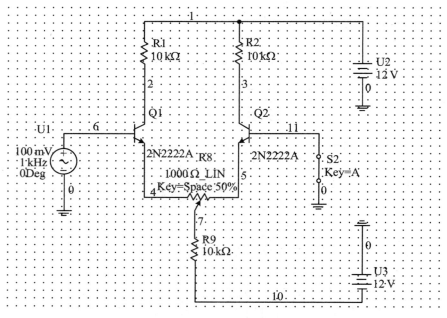

图 11.55　分析电路的通频带

实验 11.4　与非门逻辑功能测试及组成其他门电路

1. 实验目的

① 熟悉 Multisim 9 软件的使用方法。

② 了解基本门电路逻辑功能测试方法。

③ 学会用与非门组成其他逻辑门的方法。

2. 虚拟实验仪器及器材

① 与非门 74LS00N。

② 虚拟万用表。

③ 交流毫伏表。

④ 数字万用表。

3. 实验步骤

（1）测与非门的逻辑功能

① 单击电子仿真软件 Multisim 9 基本界面左侧左列真实元件工具条的
"TTL" 按钮,从弹出的对话框中选取一个与非门 74LS00N,将它放置在电子平
台上。

单击真实元件工具条的"Source"按钮,将电源"V_{CC}"和地线调出放置在电子平

台上。

　　单击真实元件工具条的"Basic"按钮,将单刀双掷开关"J1"和"J2"调出放置在电子平台上,并分别双击"J1"和"J2"图标,将弹出的对话框的"Key for Switch"栏设置成"A"和"B",最后点击对话框下方"OK"按钮退出。

　　② 单击电子仿真软件 Multisim 9 基本界面右侧虚拟仪器工具条"Multimeter"按钮,如图 11.56 左边所示,调出虚拟万用表"XMM1"放置在电子平台上,如图 11.56 右边所示。

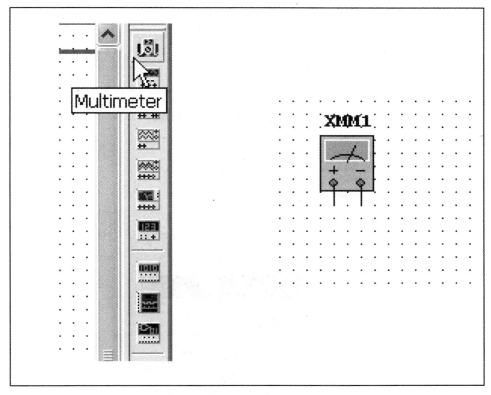

图 11.56　"Multimeter"按钮和虚拟万用表

　　③ 将所有元件和仪器连成仿真电路,如图 11.57 所示。

　　④ 双击虚拟万用表图标"XMM1",将出现它的放大面板,按下放大面板上的"电压"和"直流"两个按钮,用它来测量直流电压,如图 11.58 所示。

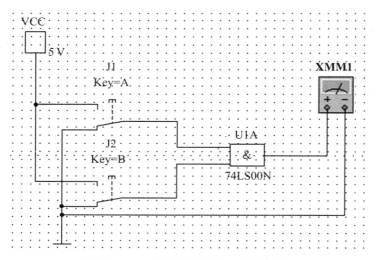

图 11.57　将元件和仪器连成仿真电路

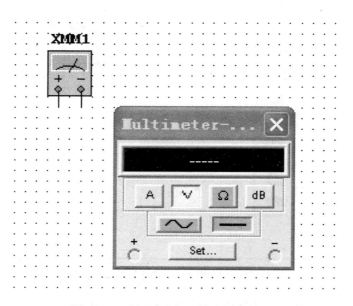

图 11.58　利用虚拟万用表测量直流电压

⑤ 打开仿真开关,按表 11.8 所示的输入,分别按动"A"和"B"键,使与非门的两个输入端分别为表 11.8 中 4 种情况,从虚拟万用表的放大面板上读出各种情况的直流电位,将它们填入表内,并将电位转换成逻辑状态填入表 11.8。

表 11.8

输入端		输出端	
A	B	电位(V)	逻辑状态
0	0		
0	1		
1	0		
1	1		

(2) 用与非门组成其他功能门电路

① 用与非门组成或门:

a. 根据摩根定律,或门的逻辑函数表达式 $Q=A+B$ 可以写成: $Q=\overline{\overline{A}\cdot\overline{B}}$,因此,可以用 3 个与非门构成或门。

b. 从电子仿真软件 Multisim 9 基本界面左侧左列真实元件工具条的"TTL"按钮中调出 3 个与非门 74LS00N;从真实元件工具条的"Basic"按钮中调出 2 个单刀双掷开关,并分别将它们设置成 Key=A 和 Key=B;从真实元件工具条的"Source"按钮中调出电源和地线;红色指示灯从虚拟元件工具条中调出。

c. 连成或门仿真电路如图 11.59 所示。

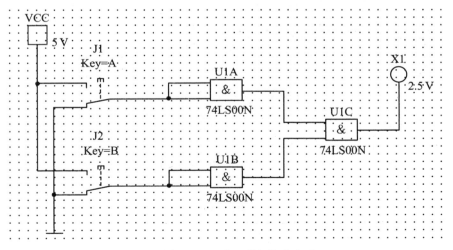

图 11.59　Q＝A＋B 或门仿真电路

d. 打开仿真开关,按表 11.9 要求,分别按动"A"和"B",观察并记录指示灯的发光情况,将结果填入表中,根据表分析是否就是或门电路的真值表。

表 11.9

输 入		输 出	
A	B	指示灯状况	逻辑状态
0	0		
0	1		
1	0		
1	1		

② 用与非门组成异或门:

a. 按图 11.60 所示调出元件并组成异或门仿真电路。

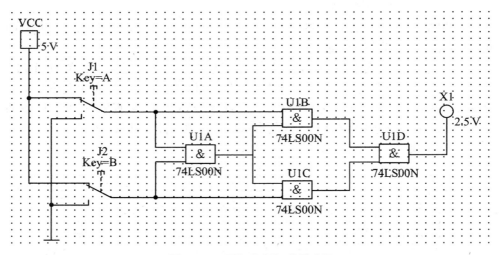

图 11.60 用与非门组成异或门

b. 打开仿真开关,按表 11.10 要求,分别按动"A"和"B",观察并记录指示灯的发光情况,将结果填入表 11.10 中。

c. 写出图 11.60 中各个与非门输出端的逻辑函数式,最终是否与异或门的逻辑函数式相符。

表 11.10

输 入		输 出	
A	B	指示灯状况	逻辑状态
0	0		
0	1		
1	0		
1	1		

4. 思考题

① 用与非门组成与门、或门。

② 用与非门组成同或门。

③ 用与非门及或非门实现逻辑函数 $Y=ABCDE$。

④ 选择门电路实现 3 变量的举手表决电路。

实验 11.5　Multisim 软件在数字电路中的应用

1. 实验目的

① 进一步学习 Multisim 9 软件的使用方法。

② 掌握 Multisim 9 软件在数字电路设计中的应用。

③ 学习使用 Multisim 9 软件对数字电路进行设计和仿真的方法。

2. 虚拟实验仪器及器材

① 硬件：X86 型兼容性计算机。

② 软件：Multisim 电路仿真软件。

3. 实验步骤

（1）使用 Multisim 设计组合逻辑电路

如图 11.61 所示，设计一个电灯控制电路，安装在 3 个不同地方的开关 A，B，C 能独立的将灯打开或熄灭。

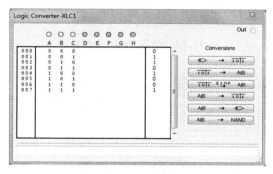

图 11.61　电灯控制真值表

① 使用逻辑转换仪（Logic Converter）输入上述问题的真值表。

② 点击按键 $\boxed{1\,0\,\overline{1} \rightarrow \text{A}|\text{B}}$ 得到逻辑表达式。

③ 点击按键 $\boxed{1\,0\,\overline{1} \overset{SIMP}{\rightarrow} \text{A}|\text{B}}$ 得到最简逻辑表达式。

④ 点击按键 $\boxed{\text{A}|\text{B} \rightarrow \Box}$ 得到由与、或、非门构成的电路。

⑤ 点击按键 $\boxed{\text{A}|\text{B} \rightarrow \text{NAND}}$ 得到由与非门构成的电路。

⑥ 设置输入输出端口，点击菜单 Place/Connectors/HB/SC Connector，与电

路的输入和输出端口相连。

　　⑦ 选中生成的电路所有元件和线路，点击菜单 Place/Replace by Subcircuit，生成子电路，输入生成子电路名称。

　　⑧ 使用字信号发生器（Word Generator）产生输入信号，使用元件库 Indicators 中的 Probe 显示输出如图 11.62 所示电路，测试所设计的电路，字信号发生器设置如图 11.63 所示。

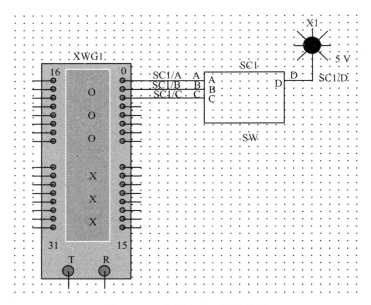

图 11.62　使用 Probe 显示输出

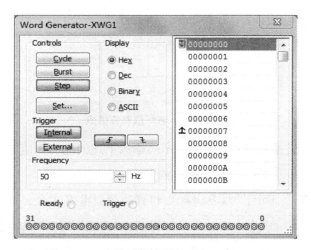

图 11.63　字信号发生器（Word Generator）

（2）研究组合逻辑电路中的竞争冒险现象

构建如图 11.64 所示的电路,输出信号 $Y=AB+A'C$,当 $B=C=1$ 时,$Y=A+A'=1$,当 A 从 1 变为 0 时,在门 U3A 的输入端发生竞争,输出将出现干扰脉冲,该现象称之为竞争冒险。若要消除竞争冒险,可以在表达式中增加冗余项 BC,将函数改写为 $Y=AB+A'C+BC$,试设计该电路,验证是否消除了竞争冒险现象。

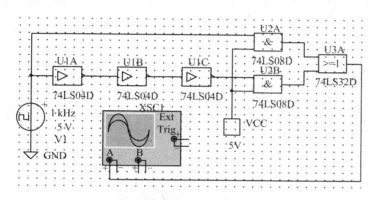

图 11.64　逻辑电路中竞争冒险现象

（3）使用 Multisim 设计时序逻辑电路

使用 TTL 逻辑门 74LS192 设计 10 进制可逆计数器并用数码管显示计数结果（图 11.65）。

① 按图连线,观察输出结果,数码管在 Indicator/HEX_DISPLAY 中。

② 若将计数器改成逆计数器,电路应如何修改。

③ 研究 74LS192 的清零端和置数端的作用,设计电路验证该功能。

④ 若将显示单元改为无译码功能的数码管,电路应如何修改?

4. 扩展内容

① 使用 TTL 逻辑门 74LS192,使用清零法或置数法构成 $N(N$ 自选)进制计数器。

② 使用 TTL 逻辑门 74LS194,构成双向移位寄存器。

5. 思考题

① 组合逻辑电路设计中如何使用逻辑转换仪(Logic Converter)简化电路设计过程?

② TTL 逻辑门在放置时应注意什么问题?

③ 数码管的使用过程中要注意什么问题? 共阴和共阳的数码管使用时有何区别?

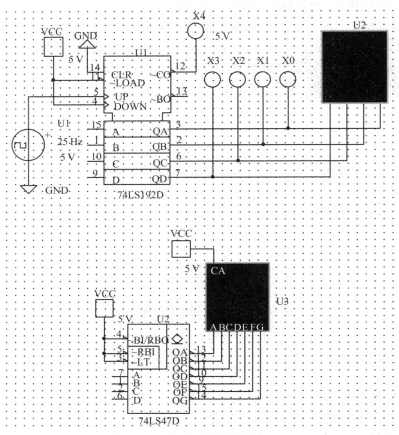

图 11.65   74LS192 设计 10 进制可逆计数器

附 录

附录 A　常用电子仪器主要技术指标和使用方法

附录 B　常用数字集成电路

附录 A 常用电子仪器主要技术指标和使用方法

A.1 示 波 器

A.1.1 概述

YB43020、YB43020B、YB43020D 系列示波器,具有 0～20 MHz 的频带宽度;垂直灵敏度为 2 mV/div～10 V/div,扫描系统采用全频带触发式自动扫描电路,并具有交替扩展扫描功能,实现二踪四迹显示。具有丰富的触发功能,如交替触发、TV-H、TV-V 等。仪器备有触发输出、正弦 50 Hz 电源信号输出及 Z 轴输入。

YB43020D 采用长余辉慢扫描,最慢扫描时间 10 s/div,最长扫描每次可达250 s。仪器具有以下特点:

- 采用 SMT 表面贴装工艺;
- 垂直衰减开关,扫描开关均采用编码开关,具有手感轻、可靠性高的优点;
- 具有交替触发、交替扩展扫描、触发锁定、单次触发等功能;
- 垂直灵敏度范围宽 2 mV/div～10 V/div;
- 扫描时间 0.2 s/div～0.1 μs/div(YB43020D 最慢扫描时间 10 s/div);
- 外形小巧美观、操作手感轻便、内部工艺精细;
- 面板具有非校准和触发状态等指示;
- 备有触发输出、正弦 50 Hz 电源信号输出、Z 轴输入,方便于各种测量;
- 校准信号采用晶振,具有高稳定度幅度值,可获得更精确的仪器校准。

A.1.2 技术性能

1. Y 轴系统

Y 轴系统的性能如表 A.1 所示。

表 A. 1

项　目	性能指标		
	YB43020	WB43020B	YB43020D
工作方式	CH$_1$、CH$_2$、断续、叠加、X~Y	同左	同左
偏转系数	5 mV/div~10 V/div 按 1-2-5 进位	5 mV/div~5 V/div 按 1-2-5 进位	5 mV/div~10 V/div 按 1-2-5 进位
（CH$_1$ 或 CH$_2$）	共分 11 挡,误差±3%	共分 10 接,误差±3%	共分 11 挡,误差±3%
扩展	2 mV/div,误差±5%	无	2 mV/div,误差±5%
微调	≥2.5∶1	同左	同左
频带宽度	AC:10 Hz~20 MHz,−3 dB	AC:10 Hz~20 MHz,−3 dB	AC:10 Hz~20 MHz,−3 dB
（5 mV/div）	DC:0~20 MHz,−3 dB	DC:0~20 MHz,−3 dB	DC:0~20 MHz,−3 dB
扩展后频带宽度（5 mV/div）	AC:10 Hz~10 MHz,−3 dB; DC:0~10 MHz,−3 dB	无	AC:10 Hz~10 MHz,−3 dB; DC:0~10 MHz,−3 dB
上升时间（5 mV/div）	≤17.5 ns,扩展后≤35 ns	≤17.5 ns	≤17.5 ns,扩展后≤35 ns
上冲	≤5%	同左	同左
阻尼	≤5%	同左	同左
耦合方式	AC、⊥、DC	同左	同左
输入阻容	(1±3%)MΩ∥(30±5)pF(直接); (10±5%)MΩ∥23 pF(经探极)	同左	同左
最大安全输入电压	400 V(DC+AC$_{pp}$)	同左	同左
极性转换	CH$_2$ 可转换	同左	同左
通道隔离度	≥35∶1(DC~20 MHz)	同左	同左
共模抑制比	≥50∶1(100 kHz 以下)	同左	同左

2. 触发系统

触发系统的性能如表 A. 2 所示。

表 A. 2

项 目	性能指标		
	YB43020	YB43020B	YB43020D
触发源	CH$_1$、CH$_2$、交替、电源、外	同左	同左
耦合	AC/DC(外)常态/TV-V、TV-H	同左	同左
极性	＋、－	同左	同左
同步频率范围	自动 50 Hz～20 MHz	同左	同左
	触发 5 Hz～20 MHz	同左	同左
最小同步电平	内 1 div；外 0. 2 V$_{pp}$	同左	同左
	TV 内 2 div；外 0. 3 V$_{pp}$	同左	同左
	触发锁定时（20 Hz～10 MHz）	同左	同左
	内 2 div	同左	同左
外触发输入阻抗	(1±50％)MΩ//(30±5)pF	同左	同左
最大安全输入电压	400 V(DC＋AC$_{pp}$)	同左	同左

3. 水平系统

水平系统的性能如表 A. 3 所示。

表 A. 3

项 目	性能指标		
	YB43020	YB43020B	YB43020D
扫描方式	自动、触发、锁定、单次	同左	同左
扫描时间系数	0. 1 μs/div～0. 2 s/div，按 1-2-5 进位共分 20 挡，误差为±3％	0. 1 μs/div～0. 2 s/div，按 1-2-5 进位共分 20 挡，误差为±3％	0. 1 μs/div～10 s/div，按 1-2(2.5)-5 进位共分 29 挡，误差为±3％，"慢扫"挡误差为±3％
扩展	×5 误差为±5％	同左	同左
交替扩展扫描	×5 误差为±5％	无	×5 误差为±5％
微调	≥2.5∶1	同左	同左

4. *X-Y* 方式

X-Y 方式的性能如表 A. 4 所示。

表 A. 4

项　目	性能指标		
	YB43020	YB43020B	YB43020D
信号输入	X 轴:CH$_1$　Y 轴:CH$_2$	同左	同左
偏转系数	同 CH$_1$	同左	同左
频率响应	AC:10 Hz~1 MHz,−3 dB	同左	同左
	DC:0~1 MHz,−3 dB	同左	同左
输入阻容	同 CH$_1$	同左	同左
最大安全 输入电压	同 CH$_1$	同左	同左
X-Y 相位差	≤3°(DC 约 50 kHz)	同左	同左

5. *Z* 轴系统

Z 轴系统的性能如表 A.5 所示。

表 A. 5

项　目	性能指标		
	YB43020	YB43020B	YB43020D
最小输入电平	TTL 电平	同左	同左
最大输入电压	50 V(DC+AC$_{p-p}$)	同左	同左
输入电阻	10 kΩ	同左	同左
输入极性	低电平加亮	同左	同左
频率范围	DC 约 5 MHz	同左	同左

6. 探极校准信号

示波器探极校准信号的参数如表 A. 6 所示。

表 A. 6

项　目	性能指标		
	YB43020	YB43020B	YB43020D
波形	方波	同左	同左
幅度	$(0.5\pm1\%)$V$_{p-p}$	同左	同左
频率	$(1\pm1\%)$kHz	同左	同左

7. 输出

示波器输出参数如表 A.7 所示。

表 A.7

项　目	性能指标		
	YB43020	YB43020B	YB43020D
触发输出	≥50 mV/div(50 Ω)	同左	同左
50 Hz 正弦波输出	约 2 V_{p-p} 电源正弦波信号	无	约 2 V_{p-p} 正弦波信号

8. 示波管

示波器的示波管参数如表 A.8 所示。

表 A.8

项　目	性能指标		
	YB43020	YB43020B	YB43020D
余辉	中余辉、绿色	同左	长余辉
工作面	8 cm×10 cm(1 cm=1 div)	同左	同左

9. 电源

示波器电源参数如表 A.9 所示。

表 A.9

项　目	性能指标		
	YB43020	YB43020B	YB43020D
电压	220 V(±10%)或 110 V(±10%)	同左	同左
频率	50 Hz(±5%)	同左	同左
视在功率	约 35 VA	同左	同左

10. 物理特性

示波器物理特性如表 A.10 所示。

表 A.10

项　目	性能指标		
	YB43020	YB43020B	YB43020D
质　量	6.5 kg	同左	同左
外形尺寸	285 mm(宽)×130 mm(高) ×385 mm(深)	同左	同左

A.1.3　控制件作用

1. 控制件位置图

控制件位置如图 A.1 和图 A.2 所示。

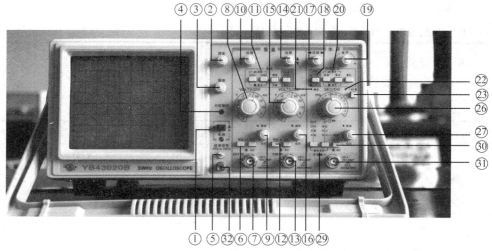

图 A.1　YB43020/YB43020B 前面板控制件位置图

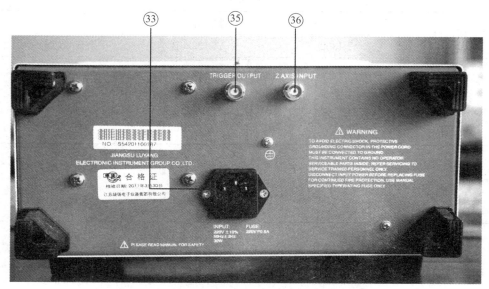

图 A.2　YB43020/YB43020B/YB43020D 后面板控制件位置图

2. 控制件的作用

控制件的作用如表 A. 11 所示。

表 A. 11

序　号	控制件名称	控制件作用
①	电源开关(POWER)	按下此开关,仪器电源接通,指示灯亮
②	亮度(INTENSITY)	光迹亮度调节,顺时针旋转光迹增亮
③	聚焦(FOCUS)	用以调节示波管电子束的焦点,使显示的光点成为细而清晰的圆点
④	光迹旋转(TRACE ROTATION)	调节光迹与水平线平行
⑤	探极校准信号(PROBE ADJUST)	此端口输出幅度为 0.5 V,频率为 1 kHz 的方波信号,用以校准 Y 轴偏系数和扫描时间系数
⑥	耦合方式(AC GND DC)	垂直通道 1 的输入耦合方式选择,AC:信号中的直流分量被隔开,用以观察信号的交流成分;DC:信号与仪器通道直接耦合,当需要观察信号的直流分量或被测信号的频率较低应选用此方式,GND 输入端处于接地状态,用以确定输入端为零电位时光迹所在位置
⑦	通道 1 输入插座 $CH_1(X)$	双功能端口,在常规使用时,此端口作为垂直通道 1 的输入口,当仪器工作在 X-Y 方式时此端口作为水平轴信号输入口
⑧	通道 1 灵敏度选择开关(VOLTS/DIV)	选择垂直轴的偏转系数,从 2 mV/div~10 V/div 分 12 个挡级调整,可根据被测信号的电压幅度选择合适的挡级
⑨	微调(VARIABLE)	用以连续调节垂直轴的 CH_1 偏转系数,调节范围≥2.5 倍,该旋钮逆时针旋足时为校准位置,此时可根据"VOLTS/DIV"开关度盘位置和屏幕显示幅度读取该信号的电压值
⑩	垂直位移(POSITION)	用以调节光迹在 CH_1 垂直方向的位置

序　号	控制件名称	控制件作用
⑪	垂直方式（MODE）	选择垂直系统的工作方式： CH_1：只显示 CH_1 通道的信号。 CH_2：只显示 CH_2 通道的信号。 交替：用于同时观察两路信号，此时两路信号交替显示，该方式适合于在扫描速率较快时使用； 断续：两路信号断续工作，适合于在扫描速率较慢时同时观察两路信号； 叠加：用于显示两路信号相加的结果，当 CH_2 极性开关被按下时，则两信号相减； CH_2 反相：此按键未按入时，CH_2 的信号为常态显示，按下此键时，CH_2 的信号被反相
⑫	耦合方式（AC GND DC）	作用于 CH_2，功能同控制件⑥
⑬	通道 2 输入插座	垂直通道 2 的输入端口，在 X-Y 方式时，作为 Y 轴输入口
⑭	垂直位移（POSITION）	用以调节光迹在垂直方向的位置
⑮	通道 2 灵敏度选择开关	功能同⑧
⑯	微调	功能同⑨
⑰	水平位移（POSITION）	用以调节光迹在水平方向的位置
⑱	极性（SLOPE）	用以选择被测信号在上升沿或下降沿触发扫描
⑲	电平（LEVEL）	用以调节被测信号在变化至某一电平时触发扫描
⑳	扫描方式 （SWEEP MODE）	选择产生扫描的方式 自动（AUTO）：当无触发信号输入时，屏幕上显示扫描光迹，一旦有触发信号输入，电路自动转换为触发扫描状态，调节电平可使波形稳定的显示在屏幕上，此方式适合观察频率在 50 Hz 以上的信号。 常态（NORM）：无信号输入时，屏幕上无光迹显示，有信号输入时，且触发电平旋钮在合适位置上，电路被触发扫描，当被测信号频率低于 50 Hz 时，必须选择该方式。 锁定：仪器工作在锁定状态后，无需调节电平即可使波形稳定的显示在屏幕上。 单次：用于产生单次扫描，进入单次状态后，按动复位键，电路工作在单次扫描方式，扫描电路处于等待状态，当触发信号输入时，扫描只产生一次，下次扫描需再次按动复位按键

续表

序 号	控制件名称	控制件作用
㉑	触发指示 (TRIG'D READY)	该指示类具有两种功能指示,当仪器工作在非单次扫描方式时,该灯亮表示扫描电路工作在被触发状态,当仪器工作在单次扫描方式时,该灯亮表示扫描电路在准备状态,此时若有信号输入将产生一次扫描,指示灯随之熄灭
㉒	扫描扩展指示	在按下"×5 扩展"或"交替扩展"后指示灯亮
㉓	×5 扩展	按下后扫描速度扩展 5 倍
㉔	交替扩展扫描	按下后,可同时显示原扫描时间和被扩展×5 后的扫描时间(注:在扫描速度慢时,可能出现交替闪烁)
㉕	光迹分离	用于调节主扫描和扩展×5 扫描后的扫描线的相对位置
26	扫描速率选择开关	根据被测信号的频率高低,选择合适的挡。当扫描"微调"置于校准位置时,可根据变盘的位置和波形在水平轴的距离读出被测信号的时间参数
㉗	微调 (VARIABLE)	用于连续调节扫描速率,调节范围≥2.5 倍。逆时针旋足为校准位置
㉘	慢扫描开关	用于观察低频脉冲信号;
㉙	触发源 (TRIGGER SOURCE)	用于选择不同的触发源 第一组: CH₁:在双踪显示时,触发信号来自 CH₁ 通道,单踪显示时,触发信号则来自被显示的通道。 CH₂:在双踪显示时,触发信号来自 CH₂ 通道,单踪显示时,触发信号则来自被显示的通道。 交替:在双踪交替显示时,触发信号交替来自于两个 Y 通道,此方式用于同时观察两路不相关的信号。 外接:触发信号来自于外接输入端口。 第二组: 常态:用于一般常规信号的测量。 TV-V:用于观察电视场信号。 TV-H:用于观察电视行信号。 电源:用于与市电信号同步
㉚	AC/DC	外触发信号的耦合方式,当选择外触发源,且信号频率很低时,应将开关置 DC 位置
㉛	外触发输入插座 (EXT INPUT)	当选择外触发方式时,触发信号由此端口输入
㉜	⊥	机壳接地端
㉝	电源输入变换开关	用于 AC 220 V 或 AC 110 V 电源转换,使用前请先根据市电电源选择位置(有些产品可能无此开关)

序　号	控制件名称	控制件作用
㉞	带保险丝电源插座	仪器电源进线插口
㉟	电源 50 Hz 输出	市电信号 50 Hz 正弦输出，幅度约 2 V$_{p-p}$
㊱	触发输出（TRIGGER SIGNAL OUTPUT）	随触发选择输出约 100 mV/div 的 CH$_1$ 或 CH$_2$ 通道输出信号，方便于外加频率计等
㊲	Z 轴输入	亮度调制信号输入端口

A.1.4　使用说明

1. 安全检查

① 使用前注意先检查"电源变换开关"㉝是否与市电源相符合。

② 工作环境和电源电压应满足技术指标中给定的要求。

③ 初次或久藏后再使用本机，建议先放置通风干燥处几小时后通电 1～2 小时后再使用。

④ 使用时不要将本机的散热孔堵塞，长时间连续使用要注意本机的通风情况是否良好，防止机内温度升高而影响本机的使用寿命。

2. 仪器工作状态的检查

初次使用本机可按下述方法检查本机的一般工作状态是否正常。

① 把各有关控制件置于表 A.12 所列作用位置。

表 A.12

控制件名称	作用位置	控制件名称	作用位置
亮度 INTENSITY	居中	输入耦合	DC
聚焦 FOCUS	居中	扫描方式 SWEEP MODE	自动
位移（3 只） POSITION	居中	极性 SLOPE	⌐_
垂直方式 MODE	CH$_1$	SEC/DIV	0.5 ms
VOLTS/DIV	0.1 V	触发源 TRIGGERSOURCE	CH$_1$
微调（3 只） VARIABLE	逆时针旋足	耦合方式 COUPLING	AC 常态

接通电源,电源指示灯亮。稍等预热,屏幕中出现光迹,分别调节亮度和聚焦旋钮,使光迹的亮度适中、清晰。

通过连接电缆将本机探极校准信号输入至 CH₁ 通道,调节电平旋钮使波形稳定,分别调节 Y 轴和 X 轴的位移,使波形与图 A.3 相吻合,避免出现如图 A.4 和图 A.5 的现象。用同样的方法分别检查 CH₂ 通道。

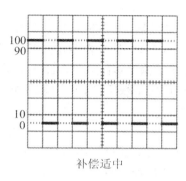

补偿适中

图 A.3

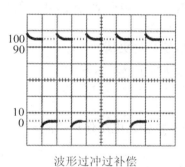

波形过冲过补偿

图 A.4

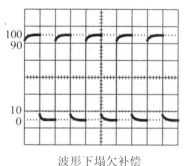

波形下塌欠补偿

图 A.5

A.2 YB1600 系列函数信号发生器

A.2.1 概述

YB1600 系列函数信号发生器,是一种新型高精度信号源,仪器外形美观、新颖、操作直观方便,具有数字频率计、计数器及电压显示功能,仪器功能齐全、各端口具有保护功能,有效地防止了输出短路和外电路电流的倒灌对仪器的损坏,大大提高了整机的可靠性。广泛适用于教学、电子实验、科研开发、邮电通信、电子仪器测量等领域。

主要特点:

- 频率计和计数器功能(6 位 LED 显示);
- 输出电压指示(3 位 LED 显示);
- 轻触开关、面板功能指示、直观方便;
- 采用金属外壳,具有优良的电磁兼容性,外形美观坚固;
- 内置线性/对数扫频功能;
- 数字频率微调功能,使测量更精确;
- 50 Hz 正弦波输出,方便于教学实验;
- 外接调频功能;
- VCF 压控输入;
- 所有端口具有短路和抗输入电压保护功能。

A.2.2 技术指标

1. 电压输出(VOLTAGE OUT)

电压输出参数如表 A.13 所示。

表 A.13

型 号	YB1601	YB1602	YB1603	YB1605	YB1610	YB1615	YB1620
频率范围	0.1 Hz~ 1 MHz	0.2 Hz~ 2 MHz	0.3 Hz~ 3 MHz	0.5 Hz~ 5 MHz	0.1 Hz~ 10 MHz	0.15 Hz~ 15 MHz	0.2 Hz~ 20 MHz
频率分挡	七挡 10 进制				八挡 10 进制		
频率调整率	0.1~1						
输出波形	正弦波、方波、三角波、脉冲波、斜波、50 Hz 正弦波						

续表

型　　号	YB1601	YB1602	YB1603	YB1605	YB1610	YB1615	YB1620
输出阻抗	50 Ω						
输出信号类型	单频、调频、扫频						
扫频类型	线性、对数						
扫频速率	10 ms～5 s						
VCF 电压范围	0～5 V,压控比≥100：1						
外调频电压	0～3 V_{p-p}						
外调频频率	10 Hz～20 kHz						
输出电压幅度	20 V_{p-p}(1 MΩ),10 V_{p-p}(50 Ω)						
输出保护	短路,抗输入电压:±35 V(1 分钟)						
正弦波失真度	≤100 kHz,2%＞100k Hz,30 dB						
频率响应	±0.5 dB	≤5 MHz±0.5 dB,＞5 MHz±1 dB		≤5 MHz±0.5 dB,＞5 MHz±1.5 dB		≤10 MHz±1 dB,＞10 MHz±2 dB	
三角波线性	≤100 kHz:98%;＞100 kHz:95%						
对称度调节	20%～80%						
直流偏置	±10 V(1 MΩ)　　±5 V(50 Ω)						
方波上升时间	100 ns,5V_{p-p},1 MHz	80 ns,5V_{p-p},1 MHz	50 ns,5V_{p-p},1 MHz	25 ns,5V_{p-p},1 MHz	20 ns,5V_{p-p},1 MHz	17 ns,5V_{p-p},1 MHz	
衰减精度	≤±3%						
对称度对频率影响	±10%						
50 Hz 正弦输出	约 2 V_{p-p}						

2. TTL/CMOS 输出

TTL/CMOS 输出参数如表 A.14 所示。

表 A.14

型　　号	YB1601	YB1602	YB1603	YB1605	YB1610	YB1615	YB1620
输出幅度	"0":≤0.6 V;"1":≥2.8 V						
输出阻抗	600 Ω						
输出保护	短路,抗输入电压±35 V(1 分钟)						

3. 频率计数

频率计数参数如表 A.15 所示。

表 A.15

型　　号	YB1601	YB1602	YB1603	YB1605	YB1610	YB1615	YB1620
测量精度	6 位±1%,±1 个字						
分辨率	0.1 Hz						
闸门时间	0.1 s、1 s、10 s						
外测频范围	1 Hz～10 MHz				1 Hz～30 MHz		
外测频灵敏度	100 mV				200 mV		
计数范围	6 位(999999)						

4. 幅度显示

显示位数:3 位。

显示单位:V_{p-p} 或 mV_{p-p}。

显示误差:±15%±1 个字。

负载为 1 MΩ 时:直读。

负载电阻为 50 Ω:读数÷2。

分辨率:$1 mV_{p-p}$(40 dB)。

5. 电源

电压:(220±10%)V。

频率:(50±5%)Hz。

视在功率:约 10 VA。

电源保险丝:BGXP-1-0.5A。

6. 物理特性

重量:约 3 kg。

外形尺寸:225W(mm)×105H(mm)×285D(mm)。

7. 环境条件

工作温度:0～40℃。

储存温度:－40～60℃。

工作湿度上限:90%(40℃)。

储存湿度上限:90%(50℃)。

其他要求:避免频繁振动和冲击,周围空气无酸、碱、盐等腐蚀性气体。

A.2.3　使用注意事项

① 工作环境和电源应满足技术指标中给定的要求。

② 初次使用本机或久贮后再用,建议放置通风和干燥处几小时后通电 1～2 小时后再使用。

③ 为了获得高质量的小信号(mV 级),可暂将"外测开关"置"外"以降低数字信号的波形干扰。

④ 外测频时,请先选择高量程挡,然后根据测量值选择合适的量程,确保测量精度。

⑤ 电压幅度输出、TTL/CMOS 输出要尽可能避免长时间短路或电流倒灌。

⑥ 各输入端口,输入电压请不要高于±35 V。

⑦ 为了观察准确的函数波形,建议示波器带宽应高于该仪器上限频率的两倍。

⑧ 如果仪器不能正常工作,重新开机检查操作步骤,如果仪器确已出现故障,请与离您最近的销售服务处联系维修。

A.2.4　面板操作键作用说明

以下①～⑳对应图 A.6 中①～⑳。

① 电源开关(POWER):将电源开关按键弹出即为"关"位置,将电源线接入,按电源开关,以接通电源。

② LED 显示窗口:此窗口指示输出信号的频率,当"外测"开关按入,显示外测信号的频率。如超出测量范围,溢出指示灯亮。

③ 频率调节旋钮(FREQUENCY):调节此旋钮改变输出信号频率,顺时针旋转,频率增大,逆时针旋转,频率减小,微调旋钮可以微调频率。

④ 占空比(DUTY):占空比开关,占空比调节旋钮,将占空比开关按入,占空比指示灯亮,调节占空比旋钮,可改变波形的占空比。

⑤ 波形选择开关(WAVE FORM):按对应波形的某一键,可选择需要的波形。

⑥ 衰减开关(ATTE):电压输出衰减开关,二挡开关组合为 20 dB、40 dB、60 dB。

⑦ 频率范围选择开关(并兼频率计闸门开关):根据所需要的频率,按其中一键。

⑧ 计数、复位开关:按计数键,LED 显示开始计数,按复位键,LED 显示全为 0。

⑨ 计数/频率端口:计数、外测频率输入端口。

⑩ 外测频开关:此开关按入 LED 显示窗显示外测信号频率或计数值。

⑪ 电平调节:按入电平调节开关,电平指示灯亮,此时调节电平调节旋钮,可改变直流偏置电平。

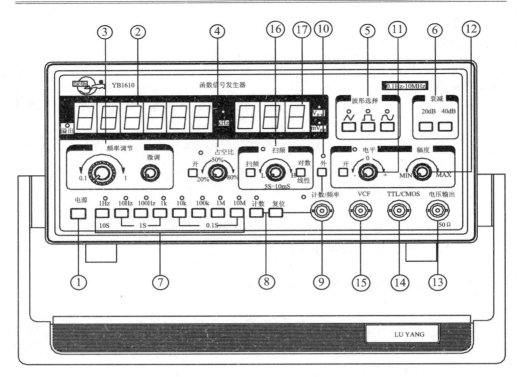

YB1600系列函数信号发生器前面板

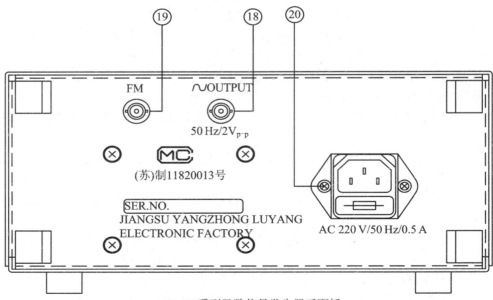

YB1600系列函数信号发生器后面板

图 A. 6

⑫ 幅度调节旋钮(AMPLITUDE):顺时针调节此旋钮,增大电压输出幅度。逆时针调节此旋钮可减小电压输出幅度。

⑬ 电压输出端口(VOLTAGE OUT):电压输出由此端口输出。

⑭ TTL/CMOS 输出端口:由此端口输出 TTL/CMOS 信号。

⑮ VCF:由此端口输入电压控制频率变化。

⑯ 扫频:按入扫频开关,电压输出端口输出信号为扫频信号,调节速率旋钮,可改变扫频速率,改变线性/对数开关可产生线性扫频和对数扫频。

⑰ 电压输出指示:3 位 LED 显示输出电压值,输出接 50 Ω 负载时应将读数除 2。

⑱ 50 Hz 正弦波输出端口:50 Hz 约 2 V_{pp} 正弦波由此端口输出。

⑲ 调频(FM)输入端口:外调频波由此端口输入。

⑳ 交流电源 220 V 输入插座。

A.2.5　基本操作方法

打开电源开关之前,首先检查输入的电压,将电源线插入后面板上的电源插孔,如表 A.16 所示设定各个控制键。

表 A.16

电源(POWER)	电源开关键弹出
衰减开关(ATTE)	弹出
外测频(COUNTER)	外测频开关弹出
电　平	电平开关弹出
扫　频	扫频开关弹出
占空比	占空比开关弹出

所有的控制键按上表设定后,打开电源。函数信号发生器默认 10 k 挡正弦波,LED 显示窗口显示本机输出信号频率。

① 将电压输出信号由幅度(VOLTAGE OUT)端口通过连接线送入示波器 Y 输入端口。

② 三角波、方波、正弦波产生:

a. 将波形选择开关(WAVE FORM)分别按正弦波、方波、三角波。此时示波器屏幕上将分别显示正弦波、方波、三角波。

b. 改变频率选择开关,示波器显示的波形以及 LED 窗口显示的频率将发生明显变化。

c. 幅度旋钮(AMPLITUDE)顺时针旋转至最大,示波器显示的波形幅度将≥

$20\ V_{p\text{-}p}$。

　　d. 将电平开关按入,顺时针旋转电平旋钮至最大,示波器波形向上移动,逆时针旋转,示波器波形向下移动,最大变化量±10 V 以上。

　　注意:信号超过±10 V 或±5 V(50 Ω)时被限幅。

　　e. 按下衰减开关,输出波形将被衰减。

　　③ 计数、复位:

　　a. 按复位键,LED 显示全为 0。

　　b. 按计数键,计数/频率输入端输入信号时,LED 显示开始计数。

　　④ 斜波产生:

　　a. 波形开关置"三角波"。

　　b. 占空比开关按入指示灯亮。

　　c. 调节占空比旋钮,三角波将变成斜波。

　　⑤ 外测频率:

　　a. 按入外测开关,外测频指示灯亮。

　　b. 外测信号由计数/频率输入端输入。

　　c. 选择适当的频率范围,由高量程向低量程选择合适的有效数,确保测量精度。

　　注意:当有溢出指示时,请提高一挡量程。

　　⑥ TTL 输出:

　　a. TTL/CMOS 端口接示波器 Y 轴输入端(DC 输入)。

　　b. 示波器将显示方波或脉冲波,该输出端可作 TTL/CMOS 数字电路实验时钟信号源。

　　⑦ 扫频(SCAN):

　　a. 按入扫频开关,此时幅度输出端口输出的信号为扫频信号。

　　b. 线性/对数开关,在扫频状态下弹出时为线性扫频,按入时为对数扫频。

　　c. 调节扫频旋钮,可改变扫频速率,顺时针调节,增大扫频速率,逆时针调节,减慢扫频速率。

　　⑧ VCF(压控调频):由 VCF 输入端口输入 0～5 V 的调制信号。此时,幅度输出端口输出为压控信号。

　　⑨ 调频(FM):由 FM 输入端口输入电压为 10 Hz～20 kHz 的调制信号,此时,幅度端口输出为调频信号。

　　⑩ 50 Hz 正弦波:由交流 OUTPUT 输出端口输出 50 Hz 约 $2\ V_{p\text{-}p}$的正弦波。

A.3　数字交流毫伏表

A.3.1　概述

YB2172 型交流毫伏表轻盈小巧、造型美观、使用方便，具有以下特点：

① 仪器采用了先进数码开关代替传统衰减开关，使其轻捷耐用，永无错位、打滑之忧。

② 仪器采用发光二极管清晰指示量程和状态。

③ 仪器采用了超低 β 噪声晶体管，采取了屏蔽隔离工艺，提高了线性和小信号测量精度。

④ 仪器用于测量正弦波有效值电压，测量精度高，频率特性好。

⑤ 仪器输入阻抗高，换量程不用调零，有交流电压输出。

A.3.2　技术指标

① 测量电压范围：$100~\mu V \sim 300~V$。

仪器电压共分 12 挡量程：

$1~mV$，$3~mV$，$10~mV$，$30~mV$，$100~mV$，$300~mV$，$1~V$，$3~V$，$10~V$，$30~V$，$100~V$，$300~V$。

dB 量程分 12 挡量程：

$-60~dB$，$-50~dB$，$-40~dB$，$-30~dB$，$-20~dB$，$-10~dB$，$0~dB$，$+10~dB$，$+20~dB$，$+30~dB$，$+40~dB$，$+50~dB$。

本仪器采用两种 dB 电压刻度值：

正弦波有效值 $1~V=0~dB$ 值的 dB 刻度；$1~mW=0~dBm$ 的 dBm 刻度。

② 基准条件下电压的固有误差：≤满刻度的 $\pm 3\%$（以 $1~kHz$ 为基准）。

③ 测量电压的频率范围：$10~Hz \sim 2~MHz$。

④ 基准条件下频率影响误差（以 $1~kHz$ 为基准）：

$20~Hz \sim 200~kHz$：$\leqslant \pm 3\%$。

$10~Hz \sim 20~Hz$，$200~kHz \sim 2~MHz$：$\leqslant \pm 10\%$。

⑤ 输入阻抗：输入电阻 $\geqslant 10~M\Omega$。

⑥ 输入电容：输入电容 $\leqslant 45~pF$。

⑦ 最大输入电压（$DC+AC_{p-p}$）：$300~V$（$1~mV \sim 1~V$ 量程）；

$\qquad\qquad\qquad\qquad\qquad 500~V$（$3 \sim 300~V$ 量程）。

⑨ 噪声：输入短路时小于 2%（满刻度）。

⑩ 输出电压(以 1 kHz 为基准,无负载):1 Vrms(±10%)(在每一个量程上, 当指针指示满度"1.0 V"位置时)。

⑪ 输出电压频响:10 Hz～200 kHz,≤±10%(以 1 kHz 为基准,无负载)。

⑫ 输出电阻:600 Ω(±20%)。

⑬ 电源电压:AC 220 V(±10%),50 Hz(±4%)。

A.3.3　使用注意事项

① 避免过冷或过热。

不可将交流毫伏表长期暴露在日光下,或放在靠近热源的地方,如火炉旁。

② 不可在寒冷天气时放在室外使用,仪器工作温度应在 0～40 ℃。

③ 避免炎热与寒冷环境交替。

不可将交流毫伏表从炎热的环境中突然转到寒冷的环境或相反进行,这将导致仪器内部形成凝结。

④ 避免高湿度、水分和灰尘。

如果将交流毫伏表放在湿度大或灰尘多的地方,可能导致仪器操作出现故障,最佳使用相对湿度范围是 35%～90%。

⑤ 应避免在强烈震动处使用,否则会导致仪器操作出故障。

⑥ 注意避开带磁性物品和存在强磁场的地方。

交流毫伏表对电磁场较为敏感,不可在具有强烈磁场作用的地方操作毫伏表,不可将磁性物体靠近毫伏表表头,应避免阳光或紫外线对仪器的直接照射。

⑦ 贮运:

a. 不可将物体放至在交流毫伏表上,注意不要堵塞仪器通风孔。

b. 仪器不可遭到强烈的撞击。

c. 不可将导线或针插进通风孔。

d. 不可用连接线拖拉仪器。

e. 不可将烙铁放在仪器框架或表面。

f. 避免长期倒置存放和运输。

如果仪器不能正常工作,重新检查操作步骤,如果仪器确已出现故障,请与最近的销售服务处联系维修。

⑧ 使用之前的检查步骤:

a. 检查表针。

当电源关时,检查表针是否指在机械零点,如有偏差,请将其调至机械零点。

b. 检查电压。

参看表 A.17 可知该毫伏表的正确工作电压范围,在接通电源之前应检查电源电压。

表 A. 17

额定电压	工作电压范围
交流 220 V	交流 198～242 V

c. 确保所用的保险丝是指定的型号。

为了防止由于过电流引起的电路损坏，请使用正确的保险丝（表 A. 18）。

表 A. 18

型　号	YB2172
交流 220 V	0. 5 A

如果保险丝熔断，仔细检查原因，修理之后换上规定的保险丝。如果使用的保险丝不适当，不仅会导致出现故障，甚至会使故障扩大。因此，必须使用正确的保险丝。

d. 开机后，在输入信号前，检查量程是否在最大量程处。若在最大量程处，指示灯"300 V"应亮。如有偏差，请将其调至最大量程处。

e. 注意事项：输入电压不可高于规定的最大输入电压。

A. 3. 4　面板操作键作用说明

下面以图 A. 7 所示 YB2172 型交流毫伏表为例说明：①～⑧对应图 A. 7 中的①～⑧。

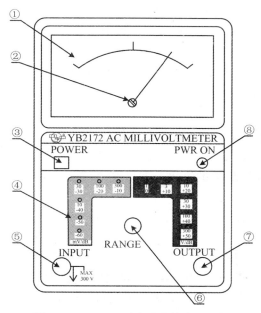

图 A. 7　YB2172 型交流毫伏表前面板

① 显示窗口：表头指示输入信号的幅度。

② 机械零点调节：开机前，如表头指针不再机械零点处，请用小平头螺丝刀调节机械零调节螺丝，使指针置于零点处。

③ 电源开关：电源开关按键弹出即为"关"位置，将电源线接入，按电源开关以接通电源。

④ 量程指示：指示灯显示仪器所处的量程和状态。

⑤ 输入（INPUT）端口：输入信号由此端口输入。

⑥ 量程旋钮：开机后，在输入信号前，应将量程调至最大处，即量程指示灯"300 V"处亮，然后，当输入信号送至输入端口后，调节量程旋钮，使表头指针正确显示输入信号的电压值。

⑦ 输出（OUTPUT）端口：输出信号由此端口输出。

⑧ 电源指示灯：当电源开关③被按入即电源被接通时，此指示灯应当亮。

A.3.5　基本操作方法及说明

① 打开电源开关前，首先检查输入的电源电压，然后将电源线插入后面板上的交流插孔。

② 电源线接入后，按电源开关以接通电源，并预热 5 分钟。

③ 输入信号前，将量程旋钮调至最大量程处（在最大量程处时，量程指示灯"300 V"应亮）。

④ 将输入信号由输入端口（INPUT）送入交流毫伏表。

⑤ 调节量程旋钮，使表头指针位置在大于或等于满刻度 30% 又小于满刻度值时读出示值。

⑥ 将交流毫伏表的输出用探头送入示波器的输入端，当表头指示是满刻度"1.0"位置时，其输出应满足指标。

⑦ 本仪器给出的指示与输入波形的平均值相符合，按正弦波的有效值校准，因此输入电压波形的失真会引起读数的不准确。

⑧ 当被测量的电压很小时，或者被测量电压源阻抗很高时，一个不正常的指示可以归结为外部噪声感应的结果。如果这个现象发生，可利用屏蔽电缆减少或消除噪声干扰。

⑨ dB 量程的使用。

表头有两种刻度：

a. 1 V 作 0 dB 的 dB 刻度值。

b. 0.775 V 作 0 dBm（1 mW 600 Ω）的 dBm 的刻度值。

c. dB："Bel"是一个表示两个功率比值的对数单位。（1 dB＝1/10 Bel）

dB 被定义如下：

$$dB = 10\log\frac{P_2}{P_1}$$

如功率 P_2, P_1 的阻抗是相等的,则其比值也可以表示为

$$dB = 20\log\frac{E_2}{E_1} = 20\log\frac{I_2}{I_1}$$

dB 原是作为功率的比值,然而,其他值的对数(例如电压的比值或电流的比值)也可以称为"dB"。

例如,当一个输入电压,幅度为 300 mV,其输出电压为 3 V 时,其放大倍数是

$$\frac{3\ V}{300\ mV} = 10(倍)$$

也可以用 dB 表示如下:

$$放大倍数 = 20\log\frac{3\ V}{300\ mV} = 20(dB)$$

d. dBm 是 dB(mW)的缩写,它表示功率与 1 mW 的比值,通常"dBm"暗指一个 600 Ω 的阻抗所产生的功率,因此"dBm"可被认为:0 dBm = 1 mW 或 0.775 V 或 1.291 mA。

e. 功率或电压的电平由表面读出的刻度值与量程开关所在的位置相加而定。

例:　　　刻度值　　　量程　　　电平

$(-1\ dB) + (+20\ dB) = +19\ dB$

$(+2\ dB) + (+10\ dB) = +12\ dB$

$(+2\ dBm) + (+20\ dBm) = +22\ dBm$

附录 B 常用数字集成电路

部分数字集成电路外引线排列见表 B.1。

表 B.1 部分数字集成电路外引线排列图

类　别	电路简称	引脚排列
2 输入 4 与非门	74LS00	
2 输入 4 或非门	74LS02	
6 倒相器	74LS04	

类　别	电路简称	引脚排列
3 输入 3 与门	74LS11	V_CC C₁ Y₁ C₃ B₃ A₃ Y₃ 14 13 12 11 10 9 8 / 74LS11 / 1 2 3 4 5 6 7 / A₁ B₁ A₂ B₂ C₂ Y₂ GND
4 输入 双与非门	74LS20	V_CC D₂ C₂ NC B₂ A₂ Y₂ 14 13 12 11 10 9 8 / 74LS20 / 1 2 3 4 5 6 7 / A₁ B₁ NC C₁ D₁ Y₁ GND
4 输入 双与门	74LS21	V_CC D₂ C₂ NC B₂ A₂ Y₂ 14 13 12 11 10 9 8 / 74LS21 / 1 2 3 4 5 6 7 / A₁ B₁ NC C₁ D₁ Y₁ GND

类　别	电路简称	引脚排列
2 输 4 或门	74LS32	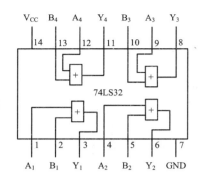
BCD-7 段 译码器/驱动器	74LS47	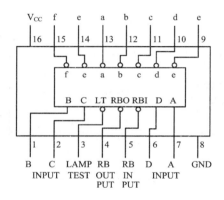
正沿触发双 D 型触发器(带预 置端和清除端)	74LS74	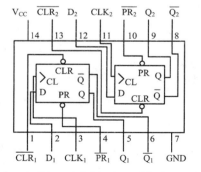

类　别	电路简称	引脚排列
双 JK 触发器 （带预置端和清除端）	74LS76	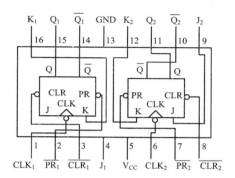
4 位幅度比较器	74LS85	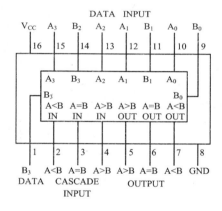
十进制计数器	74LS90	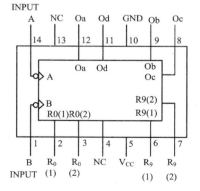

类　别	电路简称	引脚排列
三态输出的 4 总线缓冲门	74LS126	
3～8 线译码器/ 多路选择器	74LS138	
编码器	74LS147	

续表

类　　别	电路简称	引脚排列
双 4 选 1 数据选择器 /多路选择器	74LS153	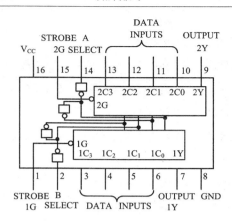
同步可逆计数器 （BCD）	74LS193	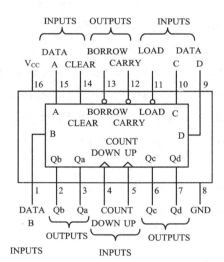

国标 TTL、CMOS 集成电路品种代号见表 B.2。

表 B.2　国标 TTL、CMOS 集成电路的品种代号

品种代号	品种名称
74LS00	2 输入 4 与非门
74LS01	2 输入 4 与非门（OC）
74LS02	2 输入 4 或非门
74LS03	2 输入 4 与非门（OC）

品种代号	品种名称
74LS04	6 倒相器
74LS05	6 倒相器(OC)
74LS06	6 高压输出反相缓冲器/驱动器(OC,30 V)
74LS07	6 高压输出缓冲器/驱动器(OC,30 V)
74LS08	2 输入 4 与门
74LS09	2 输入 4 与门(OC)
74LS10	3 输入 3 与非门
74LS11	3 输入 3 与门
74LS12	3 输入 3 与非门(OC)
74LS13	4 输入双与非门(斯密特触发)
74LS14	6 倒相器(斯密特触发)
74LS15	3 输入 3 与门(OC)
74LS16	6 高压输出反相缓冲器/驱动器(OC,15 V)
74LS17	6 高压输出缓冲器/驱动器(OC,15 V)
74LS18	4 输入双与非门(斯密特触发)
74LS19	6 倒相器(斯密特触发)
74LS20	4 输入双与非门
74LS21	4 输入双与门
74LS22	4 输入双与非门(OC)
74LS23	双可扩展的输入或非门
74LS24	2 输入 4 与非门(斯密特触发)
74LS25	4 输入双或非门(有选通)
74LS26	2 输入 4 高电平接口与非缓冲器(OC,15 V)
74LS27	3 输入 3 或非门
74LS28	2 输入 4 或非缓冲器
74LS30	8 输入与非门
74LS31	延迟电路
74LS32	2 输入 4 或门
74LS33	2 输入 4 或非缓冲器(集电极开路输出)

品种代号	品种名称
74LS34	6 缓冲器
74LS35	6 缓冲器(OC)
74LS36	2 输入 4 或非门(有选通)
74LS37	2 输入 4 与非缓冲器
74LS38	2 输入 4 或非缓冲器(集电极开路输出)
74LS39	2 输入 4 或非缓冲器(集电极开路输出)
74LS40	4 输入双与非缓冲器
74LS41	BCD-十进制计数器
74LS42	4 线-10 线译码器(BCD 输入)
74LS43	4 线-10 线译码器(余 3 码输入)
74LS44	4 线-10 线译码器(余 3 葛莱码输入)
74LS45	BCD-十进制译码器/驱动器
74LS46	BCD-7 段译码器/驱动器
74LS47	BCD-7 段译码器/驱动器
74LS48	BCD-7 段译码器/驱动器
74LS49	BCD-7 段译码器/驱动器(OC)
74LS50	双二路 2-2 输入与或非门(一门可扩展)
74LS51	双二路 2-2 输入与或非门
74LS51	二路 3-3 输入,二路 2-2 输入与或非门
74LS52	4 路 2-3-2-2 输入与或门(可扩展)
74LS53	4 路 2-2-2-2 输入与或非门(可扩展)
74LS53	4 路 2-2-3-2 输入与或非门(可扩展)
74LS54	4 路 2-2-2-2 输入与或非门
74LS54	4 路 2-3-3-2 输入与或非门
74LS54	4 路 2-2-3-2 输入与或非门
74LS55	2 路 4-4 输入与或非门(可扩展)
74LS60	双 4 输入与扩展
74LS61	3-3 输入与扩展
74LS62	4 路 2-3-3-2 输入与或扩展器

品种代号	品种名称
74LS63	6 电流读出接口门
74LS64	4 路 4-2-3-2 输入与或非门
74LS65	4 路 4-2-3-2 输入与或非门(OC)
74LS70	与门输入上升沿 JK 触发器
74LS71	与输入 R/S 主从触发器
74LS72	与门输入主从 JK 触发器
74LS73	双 JK 触发器(带清除端)
74LS74	正沿触发双 D 型触发器(带预置端和清除端)
74LS75	4 位双稳锁存器
74LS76	双 JK 触发器(带预置端和清除端)
74LS77	4 位双稳态锁存器
74LS78	双 JK 触发器(带预置端,公共清除端和公共时钟端)
74LS80	门控全加器
74LS81	16 位随机存取存储器
74LS82	2 位二进制全加器(快速进位)
74LS83	4 位二进制全加器(快速进位)
74LS84	16 位随机存取存储器
74LS85	4 位数字比较器
74LS86	2 输入 4 异或门
74LS87	4 位二进制原码/反码/IO 单元
74LS89	64 位读/写存储器
74LS90	十进制计数器
74LS91	8 位移位寄存器
74LS92	12 分频计数器(2 分频和 6 分频)
74LS93	4 位二进制计数器
74LS94	4 位移位寄存器(异步)
74LS95	4 位移位寄存器(并行 IO)
74LS96	5 位移位寄存器
74LS97	6 位同步二进制比率乘法器

品种代号	品种名称
74LS100	8 位双稳锁存器
74LS103	负沿触发双 JK 主从触发器(带清除端)
74LS106	负沿触发双 JK 主从触发器(带预置,清除,时钟)
74LS107	双 JK 主从触发器(带清除端)
74LS108	双 JK 主从触发器(带预置,清除,时钟)
74LS109	双 JK 触发器(带置位,清除,正触发)
74LS110	与门输入 JK 主从触发器(带锁定)
74LS111	双 JK 主从触发器(带数据锁定)
74LS112	负沿触发双 JK 触发器(带预置端和清除端)
74LS113	负沿触发双 JK 触发器(带预置端)
74LS114	双 JK 触发器(带预置端,共清除端和时钟端)
74LS116	双 4 位锁存器
74LS120	双脉冲同步器/驱动器
74LS121	单稳态触发器(施密特触发)
74LS122	可再触发单稳态多谐振荡器(带清除端)
74LS123	可再触发双单稳多谐振荡器
74LS125	4 总线缓冲门(三态输出)
74LS126	4 总线缓冲门(三态输出)
74LS128	2 输入 4 或非线驱动器
74LS131	3-8 译码器
74LS132	2 输入四与非门(斯密特触发)
74LS133	13 输入端与非门
74LS134	12 输入端与门(三态输出)
74LS135	4 异或/异或非门
74LS136	2 输入 4 异或门(OC)
74LS137	8 选 1 锁存译码器/多路转换器
74LS138	3-8 译码器/多路转换器
74LS139	双 2-4 线译码器/多路转换器
74LS140	双 4 输入与非线驱动器

品种代号	品种名称
74LS141	BCD-十进制译码器/驱动器
74LS142	计数器/锁存器/译码器/驱动器
74LS145	4-10 译码器/驱动器
74LS147	10-4 线优先编码器
74LS148	8-3 线八进制优先编码器
74LS150	16 选 1 数据选择器(反补输出)
74LS151	8 选 1 数据选择器(互补输出)
74LS152	8 选 1 数据选择器多路开关
74LS153	双 4 选 1 数据选择器/多路选择器
74LS154	4-16 线译码器
74LS155	双 2-4 译码器/分配器(图腾柱输出)
74LS156	双 2-4 译码器/分配器(集电极开路输出)
74LS157	四 2 选 1 数据选择器/多路选择器
74LS158	四 2 选 1 数据选择器(反相输出)
74LS160	可预置 BCD 计数器(异步清除)
74LS161	可预置 4 位二进制计数器(并清除异步)
74LS162	可预置 BCD 计数器(异步清除)
74LS163	可预置 4 位二进制计数器(并清除异步)
74LS164	8 位并行输出串行移位寄存器
74LS165	并行输入 8 位移位寄存器(补码输出)
74LS166	8 位移位寄存器
74LS167	同步十进制比率乘法器
74LS168	4 位加/减同步计数器(十进制)
74LS169	同步二进制可逆计数器
74LS170	4×4 寄存器堆
74LS171	4D 触发器(带清除端)
74LS172	16 位寄存器堆
74LS173	4 位 d 型寄存器(带清除端)
74LS174	6D 触发器

品种代号	品种名称
74LS175	4D 触发器
74LS176	十进制可预置计数器
74LS177	2-8-16 进制可预置计数器
74LS178	4 位通用移位寄存器
74LS179	4 位通用移位寄存器
74LS180	9 位奇偶产生/校验器
74LS181	算术逻辑单元/功能发生器
74LS182	先行进位发生器
74LS183	双保留进位全加器
74LS184	BCD-二进制转换器
74LS185	二进制-BCD 转换器
74LS190	同步可逆计数器(BCD,二进制)
74LS191	同步可逆计数器(BCD,二进制)
74LS192	同步可逆计数器(BCD,二进制)
74LS193	同步可逆计数器(BCD,二进制)
74LS194	4 位双向通用移位寄存器
74LS195	4 位通用移位寄存器
74LS196	可预置计数器/锁存器
74LS197	可预置计数器/锁存器(二进制)
74LS198	8 位双向移位寄存器
74LS199	8 位移位寄存器
74LS210	2-5-10 进制计数器
74LS213	2-n-10 可变进制计数器
74LS221	双单稳触发器
74LS230	8 三态总线驱动器
74LS231	8 三态总线反向驱动器
74LS240	8 缓冲器/线驱动器/线接收器(反码三态输出)
74LS241	8 缓冲器/线驱动器/线接收器(原码三态输出)
74LS242	8 缓冲器/线驱动器/线接收器

品种代号	品种名称
74LS243	4 同相三态总线收发器
74LS244	8 缓冲器/线驱动器/线接收器
74LS245	8 双向总线收发器
74LS246	4 线-7 段译码/驱动器(30 V)
74LS247	4 线-7 段译码/驱动器(15 V)
74LS248	4 线-7 段译码/驱动器
74LS249	4 线-7 段译码/驱动器
74LS251	8 选 1 数据选择器(三态输出)
74LS253	双 4 选 1 数据选择器(三态输出)
74LS256	双 4 位可寻址锁存器
74LS257	四 2 选 1 数据选择器(三态输出)
74LS258	四 2 选 1 数据选择器(反码三态输出)
74LS259	8 为可寻址锁存器
74LS260	双 5 输入或非门
74LS261	4×2 并行二进制乘法器
74LS265	4 互补输出元件
74LS266	2 输入四异或非门(OC)
74LS270	2048 位 rom(512 位四字节,OC)
74LS271	2048 位 rom(256 位八字节,OC)
74LS273	8D 触发器
74LS274	4×4 并行二进制乘法器
74LS275	7 位片式华莱士树乘法器
74LS276	4JK 触发器
74LS278	4 位可级联优先寄存器
74LS279	4SR 锁存器
74LS280	9 位奇数/偶数奇偶发生器/校验器
74LS281	
74LS283	4 位二进制全加器
74LS290	十进制计数器

品种代号	品种名称
74LS291	32 位可编程模
74LS293	4 位二进制计数器
74LS294	16 位可编程模
74LS295	4 位双向通用移位寄存器
74LS298	4-2 输入多路转换器(带选通)
74LS299	8 位通用移位寄存器(三态输出)
74LS348	8-3 线优先编码器(三态输出)
74LS352	双 4 选 1 数据选择器/多路转换器
74LS353	双 4-1 线数据选择器(三态输出)
74LS354	8 输入端多路转换器/数据选择器/寄存器,三态补码输出
74LS355	8 输入端多路转换器/数据选择器/寄存器,三态补码输出
74LS356	8 输入端多路转换器/数据选择器/寄存器,三态补码输出
74LS357	8 输入端多路转换器/数据选择器/寄存器,三态补码输出
74LS365	6 总线驱动器
74LS366	6 反向三态缓冲器/线驱动器
74LS367	6 同向三态缓冲器/线驱动器
74LS368	6 反向三态缓冲器/线驱动器
74LS373	8D 锁存器
74LS374	8D 触发器(三态同相)
74LS375	4 位双稳态锁存器
74LS377	带使能的 8D 触发器
74LS378	6D 触发器
74LS379	4D 触发器
74LS381	算术逻辑单元/函数发生器
74LS382	算术逻辑单元/函数发生器
74LS384	8 位×1 位补码乘法器
74LS385	4 串行加法器/乘法器
74LS386	2 输入四异或门
74LS390	双十进制计数器

品种代号	品种名称
74LS391	双 4 位二进制计数器
74LS395	4 位通用移位寄存器
74LS396	8 位存储寄存器
74LS398	4-2 输入端多路开关（双路输出）
74LS399	4-2 输入多路转换器（带选通）
74LS422	单稳态触发器
74LS423	双单稳态触发器
74LS440	4-3 方向总线收发器,集电极开路
74LS441	4-3 方向总线收发器,集电极开路
74LS442	4-3 方向总线收发器,三态输出
74LS443	4-3 方向总线收发器,三态输出
74LS444	4-3 方向总线收发器,三态输出
74LS445	BCD-十进制译码器/驱动器,三态输出
74LS446	有方向控制的双总线收发器
74LS448	4-3 方向总线收发器,三态输出
74LS449	有方向控制的双总线收发器
74LS465	8 三态线缓冲器
74LS466	8 三态线反向缓冲器
74LS467	8 三态线缓冲器
74LS468	8 三态线反向缓冲器
74LS490	双十进制计数器
74LS540	8 位三态总线缓冲器（反向）
74LS541	8 位三态总线缓冲器
74LS589	有输入锁存的并入串出移位寄存器
74LS590	带输出寄存器的 8 位二进制计数器
74LS591	带输出寄存器的 8 位二进制计数器
74LS592	带输出寄存器的 8 位二进制计数器
74LS593	带输出寄存器的 8 位二进制计数器
74LS594	带输出锁存的 8 位串入并出移位寄存器

品种代号	品种名称
74LS595	8 位输出锁存移位寄存器
74LS596	带输出锁存的 8 位串入并出移位寄存器
74LS597	8 位输出锁存移位寄存器
74LS598	带输入锁存的并入串出移位寄存器
74LS599	带输出锁存的 8 位串入并出移位寄存器
74LS604	双 8 位锁存器
74LS605	双 8 位锁存器
74LS606	双 8 位锁存器
74LS607	双 8 位锁存器
74LS620	8 位三态总线发送接收器(反相)
74LS621	8 位总线收发器
74LS622	8 位总线收发器
74LS623	8 位总线收发器
74LS640	反相总线收发器(三态输出)
74LS641	同相 8 总线收发器,集电极开路
74LS642	同相 8 总线收发器,集电极开路
74LS643	8 位三态总线发送接收器
74LS644	真值反相 8 总线收发器,集电极开路
74LS645	三态同相 8 总线收发器
74LS646	8 位总线收发器,寄存器
74LS647	8 位总线收发器,寄存器
74LS648	8 位总线收发器,寄存器
74LS649	8 位总线收发器,寄存器
74LS651	三态反相 8 总线收发器
74LS652	三态反相 8 总线收发器
74LS653	反相 8 总线收发器,集电极开路
74LS654	同相 8 总线收发器,集电极开路
74LS668	4 位同步加/减十进制计数器
74LS669	带先行进位的 4 位同步二进制可逆计数器

品种代号	品种名称
74LS670	4×4 寄存器堆(三态)
74LS671	带输出寄存的 4 位并入并出移位寄存器
74LS672	带输出寄存的 4 位并入并出移位寄存器
74LS673	16 位并行输出存储器,16 位串入串出移位寄存器
74LS674	16 位并行输入串行输出移位寄存器
74LS681	4 位并行二进制累加器
74LS682	8 位数值比较器(图腾柱输出)
74LS683	8 位数值比较器(集电极开路)
74LS684	8 位数值比较器(图腾柱输出)
74LS685	8 位数值比较器(集电极开路)
74LS686	8 位数值比较器(图腾柱输出)
74LS687	8 位数值比较器(集电极开路)
74LS688	8 位数字比较器(OC 输出)
74LS689	8 位数字比较器
74LS690	同步十进制计数器/寄存器(带数选,三态输出,直接清除)
74LS691	计数器/寄存器(带多转换,三态输出)
74LS692	同步十进制计数器(带预置输入,同步清除)
74LS693	计数器/寄存器(带多转换,三态输出)
74LS696	同步加/减十进制计数器/寄存器(带数选,三态输出,直接清除)
74LS697	计数器/寄存器(带多转换,三态输出)
74LS698	计数器/寄存器(带多转换,三态输出)
74LS699	计数器/寄存器(带多转换,三态输出)
74LS716	可编程模 n 十进制计数器
74LS718	可编程模 n 十进制计数器
CD4000	双 3 输入或非门及反相器
CD4001	4 二输入或非门
CD4002	双 4 输入或非门
CD4006	18 位静态移位寄存器
CD4007	双互补对加反相器

续表

品种代号	品种名称
CD4086	可扩展 2 输入与或非门
CD4093	4 与非斯密特触发器
CD4094	8 位移位/贮存总线寄存
CD4096	3 输入 JK 触发器
CD4098	双单稳态触发器
CD4099	8 位可寻址锁存器
CD40103	同步可预置减法器
CD40106	6 斯密特触发器
CD40107	双 2 输入与非缓冲/驱动
CD40110	计数/译码/锁存/驱动
CD40174	6D 触发器
CD40175	4D 触发器
CD40192	BCD 可预置可逆计数器
CD40193	二进制可预置可逆计数器
CD40194	4 位双相移位寄存器

参 考 文 献

[1] 童诗白. 模拟电子技术基础[M]. 5 版. 北京：高等教育出版社，2007.

[2] 阎石. 数字电子技术基础[M]. 4 版. 北京：高等教育出版社，1998.

[3] 陈大钦. 电子技术基础实验：电子电路实验·设计·仿真[M]. 2 版. 北京：高等教育出版，2000.

[4] 黄以铭. 电子测试与实验技术[M]. 北京：人民邮电出版社，1988.

[5] COOK N P. 实用数字电子技术[M]. 施惠琼，译. 北京：清华大学出版社，2006.

[6] HOROWITZ P，HILL W. 电子学[M]. 吴利民，等译. 北京：电子工业出版社，2005.

[7] 李建兵. EDA 技术基础教程：Multisim 与 Protel 的应用[M]. 北京：国防工业出版社，2009.

[8] 王冠华. Multisim 10 电路设计及应用[M]. 北京：国防工业出版社，2008.

[9] 李方明. 电子设计自动化技术与应用[M]. 北京：清华大学出版社，2006.

[10] 全国大学生电子设计竞赛湖北赛区组委会. 电子系统设计实践：湖北省大学生电子设计竞赛优秀作品与解析[C]. 武汉：华中科技大学出版社，2005.

[11] 谢自美. 电子线路设计·实验·测试[M]. 2 版. 武汉：华中科技大学出版社，1999.

[12] 全国大学生电子设计竞赛组委会. 第五届全国大学生电子设计竞赛获奖作品选编[C]. 北京：北京理工大学出版社，2001.

[13] 全国大学生电子设计竞赛组委会. 全国大学生电子设计竞赛获奖作品选编（2005）[C]. 北京：北京理工大学出版社. 2007.

[14] 全国大学生电子设计竞赛组委会. 全国大学生电子设计竞赛获奖作品选编（1994～1995）[C]. 北京：北京理工大学出版社，2009.

品种代号	品种名称
CD4009	6 缓冲器/转换——倒相
CD4010	6 缓冲器/转换——正相
CD4011	4-2 输入与非门
CD4012	双 4 输入与非门
CD4013	置/复位双 D 型触发器
CD4014	8 位静态同步移位寄存
CD4015	双 4 位静态移位寄存器
CD4016	4 双向模拟数字开关
CD4017	10 译码输出十进制计数器
CD4018	可预置 $1/N$ 计数器
CD4019	4 与或选择门
CD4020	14 位二进制计数器
CD4021	8 位静态移位寄存器
CD4022	8 译码输出 8 进制计数器
CD4023	3-3 输入与非门
CD4024	7 位二进制脉冲计数器
CD4025	3-3 输入与非门
CD4026	十进制/7 段译码/驱动
CD4027	置位/复位主从触发器
CD4028	BCD-十进制译码器
CD4029	4 位可预置可逆计数器
CD4030	4 异或门
CD4031	64 位静态移位寄存器
CD4032	3 串行加法器
CD4033	十进制计数器/7 段显示
CD4034	8 位静态移位寄存器
CD4035	4 位并入/并出移位寄存器
CD4038	3 位串行加法器
CD4040	12 位二进制计数器

品种代号	品种名称
CD4041	4 原码/补码缓冲器
CD4042	4 时钟 D 型锁存器
CD4043	4 或非 R/S 锁存器
CD4044	4 与非 R/S 锁存器
CD4046	锁相环
CD4047	单非稳态多谐振荡器
CD4048	可扩充八输入门
CD4049	6 反相缓冲/转换器
CD4050	6 正相缓冲/转换器
CD4051	单 8 通道多路转换/分配
CD4052	双 4 通道多路转换/分配
CD4053	3-2 通道多路转换/分配
CD4056	7 段液晶显示译码/驱动
CD4060	二进制计数/分频/振荡
CD4063	4 位数值比较器
CD4066	4 双相模拟开管
CD4067	16 选 1 模拟开关
CD4068	8 输入端与非/与门
CD4069	6 反相器
CD4070	4 异或门
CD4071	四 2 输入或门
CD4072	双 4 输入或门
CD4073	3-3 输入与门
CD4075	3-3 输入与门
CD4076	4 位 D 型寄存器
CD4077	4 异或非门
CD4078	8 输入或/或非门
CD4081	4 输入与门
CD4082	双 4 输入与门
CD4085	双 2 组 2 输入与或非门